数字图像处理技术
及应用研究

钟绍辉 著

U0289307

辽宁大学出版社 沈阳
Liaoning University Press

图书在版编目（CIP）数据

数字图像处理技术及应用研究/钟绍辉著. --沈阳：
辽宁大学出版社，2025.1. --ISBN 978-7-5698-1663-1

Ⅰ. TN911.73

中国国家版本馆 CIP 数据核字第 2024X4B791 号

数字图像处理技术及应用研究

SHUZI TUXIANG CHULI JISHU JI YINGYONG YANJIU

出　版　者：辽宁大学出版社有限责任公司
　　　　　　（地址：沈阳市皇姑区崇山中路 66 号　　邮政编码：110036）
印　刷　者：大连金华光彩色印刷有限公司
发　行　者：辽宁大学出版社有限责任公司
幅面尺寸：170mm×240mm
印　　　张：12
字　　　数：210 千字
出版时间：2025 年 1 月第 1 版
印刷时间：2025 年 1 月第 1 次印刷
责任编辑：李天泽
封面设计：高梦琦
责任校对：陈晓东

书　　　号：ISBN 978-7-5698-1663-1
定　　　价：78.00 元

联系电话：024-86864613
邮购热线：024-86830665
网　　　址：http://press.lnu.edu.cn

序　　言

　　数字图像处理技术是计算机科学和图像处理领域的重要分支，它涵盖了广泛的理论和实践应用。随着计算机技术的发展和图像获取设备的普及，数字图像处理已经成为日常生活中不可或缺的一部分。它不仅在医学图像分析、数字水印、图像识别等领域得到广泛应用，还在广告设计、娱乐产业、虚拟现实等领域发挥重要作用。

　　本书旨在系统地介绍数字图像处理技术的原理、方法和应用，以满足读者对该领域的学习和研究需求。本书作者集合了多年的学术研究和实践经验，力求通过系统的理论分析和实践案例的介绍，为读者提供全面深入的知识与应用指导。

　　首先，本书介绍了数字图像处理的基本概念和理论基础，包括图像获取、表示和显示等。读者将了解到数字图像的组成结构和表示方法，以及图像处理的技术方法。

　　其次，本书详细介绍了数字图像变换常用方法和算法，包括图像平移，图像滤波，小波变换等。读者将学习到如何利用数字技术对图像进行变换处理，为后面图像处理技术应用奠定基础。

　　再次，本书将重点探讨数字图像处理的应用领域，包括图像的检测、图像及视频水印、图像压缩等。读者将了解到数字图像处理在不同领域中的具体应用和案例分析，进一步认识到数字图像处理技术的重要性和广泛应用性。

最后，本书介绍了数字图像处理的前沿研究和未来发展趋势，包括深度学习在图像处理中的应用。读者将了解到数字图像处理领域的最新进展和挑战，为其进一步研究和应用提供参考和启示。

在本书编写过程中，作者将注重理论与实践相结合，既注重基础知识的讲解，也注重实际应用的案例分析。作者期望通过本书的阅读，读者能够全面了解数字图像处理技术的基本原理、常用方法和应用领域，从而在相关领域中能够更深入地进行研究和实践。

作者对本书的编写充满信心，并期待着读者在阅读本书时能够获得收获和启发。同时，欢迎读者提出宝贵的建议和意见，以便本书内容得到不断修订和完善。

钟绍辉

2024 年 2 月

目　　录

1　数字图像基础

数字图像是以二进制数字组形式表示的二维图像。利用计算机图形图像技术以数字的方式来记录、处理和保存图像信息。在完成图像信息数字化以后，整个数字图像的输入、处理与输出的过程都可以在计算机中完成，它们具有电子数据文件的所有特性。

1.1　图像数字化

一幅图像可以被看作是空间各点光强度的集合。对于二维图像，可以把光强度 I 看作是随空间坐标（x，y）、光线波长和时间 t 变化的连续函数：

$$I = f(x, y, \lambda, t) \tag{1-1}$$

如果只考虑光的能量而不考虑其波长，图像在视觉上表现为灰色影像——灰度图像：

$$I = f(x, y, t) \tag{1-2}$$

如果不考虑时间因素，图像表现为静止的灰度图像：

$$I = f(x, y) \tag{1-3}$$

图像数字化就是将一幅图像转化为计算机能识别的形式的过程。一般地，一个完整的图像处理系统输入和显示的都是便于人眼观察的连续图像（模拟图像）。为了便于数字存储和计算机处理可以通过数模转换（A/D）将连续图像变为数字图像。具体来说，就是把一幅图画分割成如

图 1.1 所示的一个个小区域（像元或像素），并将各小区域灰度用整数来表示，形成一幅数字图像。

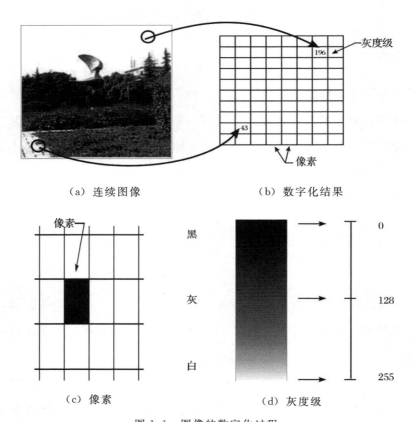

（a）连续图像　　　　　　　　（b）数字化结果

（c）像素　　　　　　　　（d）灰度级

图 1.1　图像的数字化过程

图像数字化包括了采样和量化两个过程。

1.1.1　图像采样

将空间上连续的图像变换成离散点的操作称为采样。采样间隔和采样孔径的大小是两个很重要的参数。当对图像进行实际的抽样时，怎样选择各抽样点的间隔是个非常重要的问题。

一幅连续图像 $f(x, y)$ 被取样，则产生的数字图像有 M 行和 N 列。坐标 (x, y) 的值变成离散值，通常对这些离散坐标采用整数表示，如图 1.2：

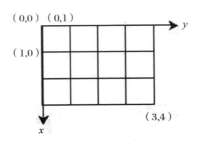

图 1.2　图像的坐标

一幅行数为 M、列数为 N 的图像大小为 $M \times N$ 的矩阵形式为：

$$f(x, y) = \begin{bmatrix} f(0, 0) & f(0, 1) & \cdots & f(0, N-1) \\ f(1, 0) & f(1, 1) & \cdots & f(1, N-1) \\ \vdots & & & \\ f(M-1, 0) & f(M-1, 1) & \cdots & f(M-1, N-1) \end{bmatrix}$$

$$(1-4)$$

其中矩阵中的每个元素代表一个像素。图像在进行采样时，必须符合采样二维采样定理，确保无失真或有限失真地恢复原图像。

定义二维图像信号的傅里叶频谱为。二维傅里叶正反变换：

$$F(u, v) = \int_{-\infty}^{\infty} \int_{-\infty}^{\infty} f(x, y) e^{-j2\pi(ux+vy)} dxdy \tag{1-5}$$

$$f(x, y) = \int_{-\infty}^{\infty} \int_{-\infty}^{\infty} F(u, v) e^{j2\pi(ux+vy)} dudv \tag{1-6}$$

如果 2D 信号的傅里 $F(u, v)$ 叶频谱满足：

$$F(u, v) = \begin{cases} F(u, v) & |u| < \Omega_{fx}, \ |v| \leqslant \Omega_{fy} \\ 0 & |u| > \Omega_{fx}, \ |v| > \Omega_{fy} \end{cases} \tag{1-7}$$

其中 Ω_{fx}、Ω_{fy} 对应于空间位移变量 x 和 y 的最高截止频率 Δx，Δy

则当采样周期满足：

$$\left.\begin{array}{l} \dfrac{1}{\Delta x} = u_s \geqslant 2\Omega_{fx} \\[3mm] \dfrac{1}{\Delta y} = v_s \geqslant \Omega_{fy} \end{array}\right\} \qquad (1-8)$$

此时，通过采样信号能唯一地恢复原图像信号为 $f(x, y)$。

对一幅图像来说，采样点的多少，对数字图像的质量有很大的影响。图 1.3 中 a，b，c，d 为在不同采样点下，图像的显示质量。

图 1.3　不同采样点的图像质量

a 图为采样点是 256×256 时的图像，b 图为采样点是 64×64 时的图像，c 图为采样点是 32×32 时的图像，d 图为采样点是 16×16 时的图像。从图上可以看出，采样点越多，图像的质量越好，但采样点也不宜过多，太多的采样，会占据大量内存空间。

1.1.2　图像量化

量化是将连续的模拟信号转化为离散的数字信号的一种操作方法。其基本原理是将连续信号的振幅、时间或其他物理特性按照一定的规则进行离散化，并用数字来表示。

经采样图像被分割成空间上离散的像素，但其灰度是连续的，还不能用计算机进行处理，需要将连续的数值离散化。将像素灰度转换成离散的整数值的过程叫量化，也就是对图像幅度坐标的离散化，它决定了图像的幅度分辨率。图 1.4 就是 8 bit 量化示意图。

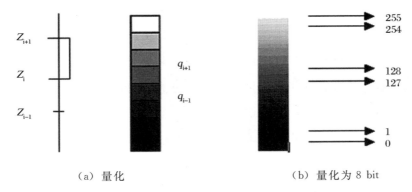

（a）量化　　　　　　　　（b）量化为 8 bit

图 1.4　8 bit 量化示意图

一幅数字图像中不同灰度值的个数称为灰度级数，用 G 表示。一般来说，$G = 2^g$，g 就是表示图像像素灰度值所需的比特位。

图像量化的方法通常包括两个步骤。

一是离散化。将连续的图像亮度或颜色值分成若干个亮度或颜色级别，通常使用等间隔或等概率方法进行划分。例如，对于 8 位灰度图像，通常将亮度值划分成 256 个灰度级别。

二是量化。将离散的亮度或颜色级别映射到一个有限的数字值集合中，该数字集合通常由计算机可以处理的值组成。例如，对于 8 位灰度图像，亮度值可以映射到 [0，255] 的整数集合中，以便计算机对其进行处理。在图像量化过程中，不可避免地会丢失一些信息，例如连续的亮度变化或颜色变化会被映射成离散的级别。因此，在量化过程中需要平衡减少数据量和保留图像质量之间的关系，以便在最小化数据量的同时最大限度地保留原始图像的信息。需要注意的是，数字图像量化只适用于离散值图像，而不是连续值图像。连续值图像通常需要使用插值方法将其转换为离散值图像，然后进行量化。

对一幅图像，当量化级数一定时，采样点数对图像质量有着显著的影响。采样点数越多，图像质量越好；当采样点数减少时，图上的块状效应就逐渐明显。当图像的采样点数一定时，采用不同量化级数的图像质量也不一样。量化级数越多，图像质量越好，当量化级数越少时，图像质量越差。量化级数最小的极端情况就是二值图像，图像会出现假轮廓。根据在量化过程中，对图像每个像素的取值进行离散化时，所选用的离散化级别的数量级不同，可以将图像分为二值图像、灰度图像、索引图像、RGB 图像。

一是二值图像。如图 1.5 所示，二值图像的矩阵仅有两个值构成即"0"和"1"。0 表示黑色，1 表示白色。因此，二值图像在计算机中的数据类型为一个二进制位。

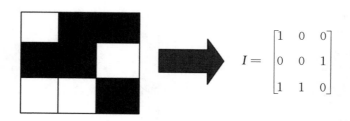

图 1.5　二值图像矩阵

二是灰度图像。如图 1.6 所示，灰度图像的二维矩阵每个元素的值可能都不一样，它有一个范围 [0，255]，其中 0 表示纯黑色，255 表示纯白色，中间数字表示由黑到白的过渡。其数据类型一般为 8 位无符号数。

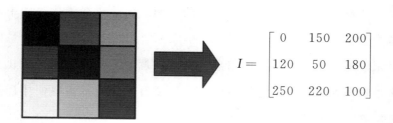

图 1.6　灰度图像矩阵

三是索引图像。索引图像可以表示彩色图像，其结构比较复杂，除了存储图像数据的二维矩阵以外，还有一个存储 RGB 颜色的二维矩阵，称为颜色索引矩阵（COLORMAP）。存储数据的二维矩阵里面存储的仍然是图像各个像素的灰度值，而颜色索引矩阵是一个 [256] × [3] 形式的二维矩阵，256 对应于 0～255 个灰度值，而每行的三个分量表示对应于每个灰度值的像素点，它的 RGB 分量的值。例如，COLORMAP [38] [0，2] 表示灰度值为 38 的像素点的 RGB 各分量值。由于每个像素只有 256 个灰度值，而每个灰度值决定了一种颜色，因此索引图像最多有 256 种颜色。

　　四是 RGB 图像。如图 1.7 所示，它与索引图像一样可以表示彩色图像，分别用 R、G、B 三原色表示每个像素的颜色，但是他们的数据结构不同。RGB 图像的数据结构是一个三维矩阵，它的每一像素的颜色值直接存储在矩阵中，因此这个矩阵可用 M * N * 3 来表示。M 表示矩阵每行的像素数，N 表示每列的像素数，3 表示每一像素的三个颜色分量。

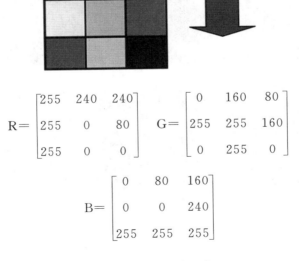

$$R = \begin{bmatrix} 255 & 240 & 240 \\ 255 & 0 & 80 \\ 255 & 0 & 0 \end{bmatrix} \quad G = \begin{bmatrix} 0 & 160 & 80 \\ 255 & 255 & 160 \\ 0 & 255 & 0 \end{bmatrix}$$

$$B = \begin{bmatrix} 0 & 80 & 160 \\ 0 & 0 & 240 \\ 255 & 255 & 255 \end{bmatrix}$$

图 1.7　RGB 图像矩阵

1.1.3　图像采样、图像量化与数字图像的关系

图像数字化方式可分为均匀采样、量化和非均匀采样、量化。所谓均匀，指的是采样、量化为等间隔。图像数字化一般采用均匀采样和均匀量化方式。非均匀采样是根据图像细节的丰富程度改变采样间距。细节丰富的地方，采样间距小，否则间距大。非均匀量化是对像素出现频度少的间隔大，而像素出现频度大的间隔小。采用非均匀采样与量化，会使问题复杂化，因此很少采用。一般来说，采样间隔越大，所得图像像素数越少，空间分辨率低，质量差，严重时出现像素呈块状的国际棋盘效应；采样间隔越小，所得图像像素数越多，空间分辨率高，图像质量好，但数据量大。图 1.8 所示是图像不同采样间隔下，图像变化的过程。从图中可以看出，随着采样间隔的变大，图像变得越来越模糊。

图 1.8　不同采样间隔下的图像质量

量化等级越多，所得图像层次越丰富，灰度分辨率高，图像质量好，但数据量大；量化等级越少，图像层次欠丰富，灰度分辨率低，会出现

"假轮廓"现象，图像质量变差，但数据量小。在极少数情况下对固定图像大小减少灰度级能改善图像质量，其原因是减少灰度级一般会增加图像的对比度。例如，对细节比较丰富的图像数字化。

图 1.9 不同灰度级下的图像质量

一幅图像数字化时的采样频率、量化等级的高低，直接影响到图像所需的存储空间。一幅图像（水平）尺寸 M：$M = 2^m$，图像（垂直）尺寸 N：$N = 2^n$，用 G（K-bit）表示图像的灰度级，则 $G = 2^K$，则图像所需的位数 bit 位 b 为：$b = M \times N \times k = N^2 k (M = N)$。

1.2 图像特征及度量

计算机视觉特征度量是计算机视觉领域中的一个重要问题，它涉及如何定义和计算用于描述图像或视频特征的相似性或差异性。视觉特征度量可以用于各种任务，如图像检索、目标跟踪、人脸识别、物体识别等。其中，所谓的视觉特征通常是由计算机从图像或视频中提取出来的数值表示，如颜色直方图、梯度直方图、形状描述符等。这些特征可以用来表示图像或视频的不同方面，如颜色、纹理、形状等。

视觉特征度量的目标是计算两个特征之间的相似度或距离。相似度度量通常用于比较两个特征的相似程度，而距离度量用于比较两个特征之间的差异程度。常见的视觉特征度量方法包括欧氏距离、余弦相似度、汉明距离、马氏距离等。

视觉特征度量的选择取决于任务的具体要求和特征的性质。在实际应用中，需要根据具体情况选择最适合的度量方法，以提高检测、识别、分割、定位跟踪、参数拟合等任务的准确性和效率。本书主要针对图像的区域特征和全局特征进行阐述。图像的区域特征中，包含了纹理区域度量、统计区域度量两类；图像的全局特征中，主要针对统计区域度量中涉及全局统计量计算的部分和基空间度量展开。

1.2.1　纹理区域特征及度量

纹理是图像中重要的视觉特征之一，它通常指由像素之间的亮度、颜色、形状等局部特征构成的、重复出现的图案或结构。在计算机视觉中，纹理区域度量是指对图像中的纹理区域进行特征提取和相似性度量的过程。纹理区域度量的目的是衡量图像中纹理区域之间的相似性或差异性，以便在图像检索、图像分类、目标跟踪等应用中进行区分和匹配。常见的纹理区域度量方法包括：边缘特征，互相关特征，Fourier 谱、小波谱特征，共生矩阵，Haralick 特征与扩展 SDM 特征，Laws 纹理特征，局部二值模式（Local Binary Pattern，LBP），动态纹理等。接下来，笔者主要对边缘特征、互相关特征、Fourier 谱及小波谱特征展开，总结其度量特征的定义、数学计算理论的细节和一些简单的应用举例。

1.2.1.1 边缘特征

边缘特征是图像中像素值发生显著变化的区域，它通常对应于物体的轮廓或边界。边缘是图像的重要特征之一，因为它能够提供关于物体形状、结构和位置的详细信息。从数学角度来看，边缘特征是图像灰度值的一阶导数的不连续处。从图像亮度的角度看，边缘特征也常被定义为图像中亮度值发生显著变化的像素集合，这些变化可以是亮度的突然增加或减少。从灰度变化的角度看，边缘特征通常是指图像中灰度值发生显著变的区域。这种变化可以是突然的阶跃变化（如物体边界），也可以是渐变的（如纹理变化）。图像边缘检测的常用方法有：Sobel 算子检测、Canny 算子检测、LoG 算子检测、Robert 算子检测、Prewitt 算子检测。

1. Sobel 算子检测

Sobel 算子是一种基于梯度的边缘检测算法，它通过计算图像中每个像素的梯度值，得到图像中的边缘信息。Sobel 算子通常通过卷积操作来实现，其计算公式如下：

$$G_x = \begin{bmatrix} -1 & 0 & 1 \\ -2 & 0 & 2 \\ -1 & 0 & 1 \end{bmatrix} * I \tag{1-9}$$

$$G_y = \begin{bmatrix} -1 & -2 & -1 \\ 0 & 0 & 0 \\ 1 & 2 & 1 \end{bmatrix} * I \tag{1-10}$$

$$G = \sqrt{G = G_x^2 + G_y^2} \tag{1-11}$$

其中，G_x 和 G_y 是在 x 方向和 y 方向上的梯度值，G 是两者的平方和的平方根，I 是图像矩阵。

2. Canny 算子检测

Canny 算子是一种基于多阶段的边缘检测算法，它通过滤波、非极大值抑制、双阈值分割等步骤来检测图像中的边缘。为了利用 Canny 算子实现边缘检测，笔者首先对图像进行高斯滤波：

$$G(x, y) = \frac{1}{2\pi\sigma^2} e^{-\frac{x^2+y^2}{2\sigma^2}} * I(x, y) \tag{1-12}$$

其中，$G(x, y)$ 是高斯滤波器的输出图像，σ 是高斯滤波器的标准差，$I(x, y)$ 是输入图像矩阵。而后，计算梯度幅值和方向过程如下：

$$G_y = \begin{bmatrix} -1 & -2 & -1 \\ 0 & 0 & 0 \\ 1 & 2 & 1 \end{bmatrix} * G \tag{1-13}$$

$$G_x = \begin{bmatrix} -1 & 0 & 1 \\ -2 & 0 & 2 \\ -1 & 0 & 1 \end{bmatrix} * G \tag{1-14}$$

$$M(x, y) = \sqrt{G_x^2 + G_y^2} \tag{1-15}$$

$$\theta(x, y) = \arctan\left(\frac{G_x}{G_y}\right) \tag{1-16}$$

这一步和 Sobel 算子类似，G_x 和 G_y 分别代表图像在 x 和 y 方向上的梯度值，$M(x, y)$ 是梯度幅值，$\theta(x, y)$ 是梯度方向。然后，对梯度幅值做非极大值抑制：

$$M_{n\text{maxs}} = \begin{cases} M(x,y) & if\ \ M(x,y) \geqslant M(x+\Delta x, y+\Delta y)\ \ and\ \ M(x,y) \geqslant M(x-\Delta x, y-\Delta y) \\ 0 & otherwise \end{cases}$$

$$\tag{1-17}$$

其中，$M_{n\text{maxs}}(x, y)$ 是经过非极大值抑制后的梯度幅值，Δx 和 Δy 是沿着梯度方向的单位步长。最后，利用双阈值分割实现边缘像素的筛选：

$$M_{th}(x, y) = \begin{cases} M_{n\text{maxs}}(x, y) & if & M_{n\text{maxs}}(x, y) \geqslant T_1 \\ 0 & if & M_{n\text{maxs}}(x, y) \leqslant T_2 \\ M_{\text{conn}}(x, y) & otherwise & M_{th}(x, y) \end{cases}$$

$$\tag{1-18}$$

其中，$M_{th}(x,y)$ 是经过双阈值分割后的梯度幅值，T_1 和 T_2 分别是在高阈值检测后与边缘相连的像素。以上几个公式中，* 代表卷积的操作，G 是经过高斯滤波后的图像，是反正切函数。虽然，Canny 算子方法相对最复杂，但却是研究者最喜欢用的高精度边缘检测算法之一。

3. LoG 算子检测

LoG 是一种基于拉普拉斯算子的边缘检测算法，它通过对图像进行高斯滤波和拉普拉斯变换，得到图像中的边缘信息。LoG 算子的计算公式如下：

$$LoG(x,y) = -\frac{1}{\pi\sigma^4}\left[1 - \frac{x^2+y^2}{2\sigma^2}\right]e^{-\frac{x^2+y^2}{2\sigma^2}} * I(x,y) \qquad (1-19)$$

其中，x 和 y 分别代表图像中的像素位置，σ 是高斯滤波器的标准差。阈值检测方法的计算公式为：

$$M(x,y) = \begin{cases} 0 & otherwise \\ LoG(x,y) & if\ |LoG(x,y)| \geqslant T \end{cases} \qquad (1-20)$$

其中，$M(x,y)$ 是经过阈值检测后的图像，所得到的就是边缘检测的结果，公式里的 T 为阈值参数。

1.2.1.2　互相关及自相关特征

图像的互相关性和自相关性都是衡量图像相似度的方法，常用于匹配、跟踪和识别等应用中。图像的互相关性指的是两幅图像之间的相似度。设两幅图像为 I 和 J，它们的关系如下：

$$R_{IJ}(u,v) = \sum_{x=-\infty}^{\infty}\sum_{x=-\infty}^{\infty} I(x,y)J(x-u,y-v) \qquad (1-21)$$

其中，u 和 v 是位移量，$I(x,y)$ 和分别是图像在坐标 (x,y) 和 $(x-u,y-v)$ 处的像素值，公式中的双重求和表示对所有像素进行遍历。

自相关性广泛地应用在模式识别和模式匹配中，通过计算图像与自身的自相关系数，可以找到图像中的重复模式，从而进行图像识别和目标检测。互相关性可用于图像匹配和图像检索。计算不同图像之间的互相关系数，找到图像中的相似模式和特征，从而进行图像匹配和图像检索。

1.2.1.3 傅里叶（Fourier）谱与小波谱

图像的傅里叶谱和小波谱都是一种表示图像频率分布的方法，常用于图像处理和分析中。图像的傅里叶谱表示的是图像在频域内的分布情况。设一幅图像为 $I(x, y)$，它的傅里叶变换 $F(u, v)$ 可以通过如下公式计算：

$$F(u, v) = \sum_{x=0}^{M-1} \sum_{y=0}^{N-1} I(x, y) e^{-j2\pi(\frac{ux}{M} + \frac{vy}{N})} \qquad (1-22)$$

其中 u 和 v 是频率变量，M 和 N 分别为图像的高度和宽度。j 是虚数单位。傅里叶谱的可视化图像形式可以通过计算傅里叶变换的幅度谱 $|F(u, v)|$ 得到。表示图像在不同频率下的像素强度分布情况。熟悉雷达动目标识别的小伙伴们看出来，如果将慢时间维度拼接而成的时域的雷达回波矩阵视作一个图像，其的傅里叶谱就是距离多普勒强度图 RDM（Range-doppler Intensity Map）。

类似地，图像的小波谱表示的是图像在小波域内的分布情况。设一幅图像为 $I(x, y)$，它的小波变换为 $W(a, b)$ 可以通过以下公式计算：

$$W(a, b) = \sum_{x=0}^{M-1} \sum_{y=0}^{N-1} I(x, y) \psi_{a, b}(x, y) \qquad (1-23)$$

其中，a 和 b 是尺度和位移变量，$\psi_{a, b}(x, y)$ 是小波基函数，可以通过不同的小波基函数选择得到。关于小波变换在图像处理中的应用相关内容在后面会有详细阐述。

1.2.1.4 图像的局部二值模式

图像的局部二值模式（Local Binary Pattern，LBP）是一种基于图像灰度值的局部纹理特征描述子，常用于图像分类、识别和检索等应用中，具有良好的性能和鲁棒性。对于一幅图像 I 中的每个像素点 x，可以计算其对应的局部二值模式 $LBP(x)$，表示其周围像素点与中心像素点的灰度值大小关系。具体地，对于一个半径为 r 的圆形邻域，以中心点的灰度值为阈值，将周围的 8 个像素点分别与中心点进行比较，得到一个 8 位二进制数。将这个二进制数转换为十进制数，即得 x 点的局部二值模式 $LBP(x)$。在得到所有像素点的局部二值模式后，可以通过计算其直方图或统计特征来描述图像的纹理特征。常用的统计特征包括 LBP 值的均值、方差、能量、熵等。

图像的旋转不变局部二值模式（Rotation Invariant Local Binary Pattern，RILBP）与局部二值模式（LBP）类似，对一幅图像 I 中的每个像素点 x，可以计算其对应的 RILBP 值 $RILBP(x)$，表示其周围像素点与中心像素点的灰度值大小关系。与 LBP 不同的是，RILBP 在计算时考虑了图像中的旋转不变性。具体来说，对于一个半径为 r 的圆形邻域，以中心点的灰度值为阈值，将周围的 8 个像素点分别与中心点进行比较，得到一个 8 位二进制数。将这个二进制数按顺时针或逆时针方向旋转，使得其最小值在最前面，即得到一个旋转不变的二进制数。将这个旋转不变的二进制数转换为十进制数，即得到 x 点的 RILBP 值 $RILBP(x)$。在得到所有像素点的 RILBP 值后，可以通过计算其直方图或统计特征来描述图像的纹理特征。常用的统计特征包括 RILBP 值的均值、方差、能量、熵等，后面的操作就和 LBP 一样了。

图像像素的统计度量是一种用于描述图像像素值分布或变化情况的方法。它通常用于图像处理和计算机视觉领域中，例如图像增强、图像分割和图像分类等任务。常见的图像像素统计度量包括图像矩特征、点度量特征、全局直方图、局部区域直方图、散点图与 3D 直方图、多尺度直方图、径向直方图、轮廓或边缘直方图等。这些统计度量可以通过对图像像素值进行数学运算和分析来计算得到。它们可以为图像处理和计算机视觉算法提供重要的特征和信息，从而提高算法的性能和鲁棒性。

1.2.2　图像直方图

1.2.2.1　直方图概念

图像直方图是图像的基本属性之一，也是图像像素数据分布的统计学特征，它反映的是一幅图像中各灰度级像素出现的频率。描述灰度图像直方图的二维坐标的横坐标（横轴）用于表示图像中像素的灰度级别（也即亮度级别），从左到右由 0 过渡到 255（即从全黑过渡到全白），分为 256 个灰度级别；纵坐标（纵轴）表示图像中处于各个灰度级别的像素的数量（即各灰度级别出现的频数）。

设一幅数字图像的灰度级范围为 [0，L－1]，则该图像的灰度直方图可定义为：

$$h(r_k) = n_k \qquad r_k = 0, 1 \cdots\cdots L-1 \qquad (1-24)$$

其中，r_k 表示第 k 级灰度；n_k 表示图像为 r_k 的像素个数。$h(r_k)$ 是图像的直方图。

理解和观看直方图的规则一是"左黑右白"或"左暗右亮"；二是横轴上各（亮度值）点对应的柱状高度就是分布在该亮度的像素个数；三是当柱状接近分布在整个横轴上，且至少有一个峰值时，图像的对比度较好。图 1.10 是灰度图像直方图，图 1.11 是彩色分频图像直方图。

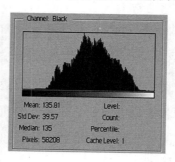

图 1.10　灰度图像直方图

 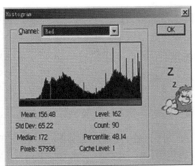

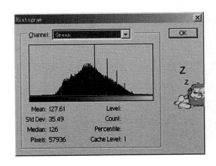 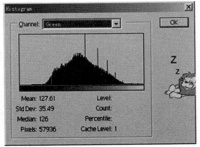

图 1.11　彩色分频图像直方图

灰度直方图反映的是图像中各灰度的实际出现频数。当某个灰度值的频数（计数值）远远大于其他灰度值的频数时，根据图像的某个或某些像素出现的最大频数来确定直方图的纵坐标的最大尺度既不方便也不太现实，因此就引入了归一化直方图的概念，也即人们通常所说的"直方图是指归一化的直方图"。

设 r_k 为图像 $f(x, y)$ 的第 k 级灰度值，n_k 是图像 $f(x, y)$ 中具有灰度值 r_k 的像素的个数。n 是图像 $f(x, y)$ 的像素总数，则图像 $f(x, y)$ 的（归一化）灰度直方图定义为：

$$p(r_k) = \frac{n_k}{n} \tag{1-25}$$

显然，$p(r_k)$ 给出的是 r_k 的概率估计，提供的是图像灰度值的分布。

1.2.2.2　图像灰度直方图的性质

灰度图像直方图具有如下一些特征：

（1）直方图仅能描述图像中每个灰度值具有的像素个数，不能表示图像中每个像素的位置（空间）信息；

（2）任一特定的图像都有唯一的直方图，不同的图像可以具有相同的直方图；

（3）一幅图像对应唯一的灰度直方图，反之不成立。不同的图像可对应相同的直方图；

（4）一幅图像分成多个区域，多个区域的直方图之和即为原图像的直方图；

（5）对于空间分辨率为 M×N，且灰度级范围为［0，L－1］的图像，有关系：

$$\sum_{j=0}^{L-1} h(j) = M \times N \qquad (1-26)$$

1.2.2.3　图像矩特征

图像矩特征是一种用于描述图像像素统计特性的方法，可以描述成一个函数在其基空间上的投影。常见的图像矩特征包括几何矩和中心矩等。几何矩是指通过对图像像素值进行加权求和来计算图像的形状特征，其中权重是像素的坐标值的幂次方。例如，p 阶几何矩可以表示为：

$$M_{pq} = \sum_{x} \sum_{y} x^p y^q I(x, y) \qquad (1-27)$$

其中，$I(x, y)$ 表示图像在位置 (x, y) 处的像素值，p 和 q 分别表示几何的幂次。当 $p+q = 0$ 时，M_{pq} 称为零阶几何矩，它等于所有的像素值的和。当 $p+q = 1$ 时候，M_{pq} 称为一阶几何矩阵，它可以用来计算几何的重心，当 $p+q = 2$ 时候，M_{pq} 称为二阶几何矩阵，它可以用来计算图像的方差和协方差。

中心矩是指通过对图像像素值进行加权求和来计算图像的纹理特征，其中权重是像素坐标值与图像重心的差的幂次方。例如，p 阶中心矩可以表示为

$$\mu_{pq} \sum_x \sum_y (x - \bar{x})^p (y - \bar{y})^q I(x, y) \qquad (1-28)$$

其中，$\bar{x}$ 和 $\bar{y}$ 分别表示图像的重心坐标。中心矩可以用来计算图像的方向和形状等特征，不管是一维的序列分布还是二维的图像，不同的阶次均具备下述视觉上的规律性性质。

零阶矩：表示一维均值或二维质心；

中心矩：描述均值或二维质心周围的变化情况；

一阶中心矩：包含二维面积、质心和物体/目标大小等相关信息；

二阶中心矩：与方差和 2D 椭圆度量相关；

三阶中心矩：提供了二维形状（或偏度）的对称信息；

四阶中心矩：用来度量二维分布，如高、矮、细、短、胖等形态；

更高阶的矩：可由多个矩的比值组成，如协方差。

图像矩特征可以应用于图像处理、计算机视觉和模式识别等领域。例如，在目标检测和识别中，可以使用图像矩来提取目标的形状和纹理特征，以实现目标的自动识别和跟踪。除了几何矩和中心矩外，还有许多其他类型的图像矩特征，如旋转不变矩和尺度不变矩等。这些图像矩特征可以根据不同的应用需求进行选择和组合，以实现更加准确和鲁棒的图像处理和分析。

1.2.2.4 全局直方图

图像的全局直方图是一种描述图像像素值分布的方法。全局直方图是由图像中所有像素的灰度级别组成的直方图，它可以用来表示图像中每个灰度级别的像素数量。通常，全局直方图是一个一维的向量，其长

度等于图像的灰度级别数。该特征可以用下式计算:

$$H(i) = \sum_x \sum_y [I(x, y) = i] \qquad (1-29)$$

其中,$H(i)$ 为图像灰度级别 i 的像素数量。$[I(x, y) = i]$ 表示判断图像位置在 (x, y) 处的像素值是否等于 i。全局直方图可以用来表示图像的灰度分布情况,从而提供图像的全局信息。它可以用于图像分类、图像检索、图像分割和图像增强等任务中。

1.2.2.5　局部区域直方图

局部区域直方图就是加窗图像之后的窗内小图像的像素变化规律。这个窗可以是某个由研究人员指定大小、形状的规则区域,也可以是通过某种策略从图像上筛出来的点的集合。如果是常规的矩形窗口,那么局部区域直方图可以用来表征图像中某个像素周围局部区域的像素分布情况。类似全局直方图,局部区域直方图也是一个向量,其大小等于窗口内灰度级别数,可以用下式计算:

$$H_{i, j} = \sum_{u, v \in N_{x, y}} [I(u, v) = i][I(x, y) = j] \qquad (1-30)$$

其中,$H_{i, j}(x, y)$ 表示图像在 (x, y) 处,灰度级别 i 和 j 的像素在邻域 $N_{x, y}$ 中的数量,$[I(u, v) = i]$ 和 $[I(x, y) = j]$ 分别表示图像在位置 (u, v) 和 (x, y) 处的像素值是否等于 i 和 j,该特征可以用于图像分割、目标检测和图像识别等任务中

1.2.2.6　多尺度直方图

图像的多分辨率、多尺度直方图是一种用于描述图像不同分辨率和尺度下的特征分布情况的方法。它可以用来表示图像中的多尺度特征和纹理信息等。图像的多分辨率直方图是由多个不同尺度的全局直方图组成的,每个全局直方图对应着图像在不同分辨率下的特征分布情况,可

以用下式计算：

$$H_i^s(k) = \sum_{x, y}[I(x, y) = k] \qquad (1-31)$$

其中，$H_i^s(k)$ 表示图像在第 s 个尺度下，灰度级别为 k 的像素在区域 R_i^s 中的数量，$I(x, y)$ 表示图像在位置 (x, y) 处的像素值。

类似于上面提到的局部区域直方图，如果由多个不同尺度的局部区域直方图组成，这样的特征也属于多尺度直方图，也可以用来表示图像中的多尺度特征和纹理信息等。计算公式如下：

$$H_{i, j}^s(x, y) = \sum_{u, v \in N_{x, y}^s}[I(u, v) = i][I(x, y) = j] \qquad (1-32)$$

其中，$H_{i, j}^s(x, y)$ 表示图像在第 s 个尺度下，灰度级别为 i 和 j 的像素在邻域 $N_{x, y}^s$ 中的数量。$I(u, v)$ 和 $I(x, y)$ 分别表示图像在 (u, v) 和 (x, y) 处的像素值是否等于 i 和 j。该方法可以用来进行物体检测和定位，也可以用来进行特征匹配和配准，应用范围很广，且因为金字塔形（也即图像缩放倍率 s 可调）的图像处理思路，可以自适应各种不同"大小"的目标，是"多尺度"系列共性的优势。

2 图像变换

图像变换是指对图像进行不同的操作或改变，以产生新的图像。图像变换可以包括调整图像的大小、旋转、翻转、平移、倾斜、缩放、模糊、锐化、增强对比度、改变颜色等。

图像变换可以通过数学算法、图像处理软件或编程语言来实现。常见的图像变换方法包括仿射变换、透视变换、插值、滤波、边缘检测等。

图像变换在许多领域都有广泛的应用，包括计算机图形学、计算机视觉、图像处理、医学图像分析等。通过对图像进行变换，可以改变图像的外观、结构或特征，从而使得图像更适合特定的需求或应用。

2.1 图像仿射变换

图像仿射变换是一种对图像进行几何变换的方法，通过对图像中的每个像素点进行线性变换来改变图像的形状、大小、旋转和平移等属性。在图像仿射变换中，通常使用一个变换矩阵来描述变换操作。变换矩阵是一个 2×3 的矩阵，其中包含了对图像进行平移、旋转和缩放的参数。具体来说，变换矩阵可以通过以下几个步骤来计算。

一是平移。平移操作可以通过将图像中每个像素点的坐标加上一个平移向量来实现。平移向量定义了图像在水平方向和垂直方向上的平移距离。

二是旋转。旋转操作可以通过将图像中的每个像素点围绕一个旋转中心点进行旋转来实现。旋转角度定义了图像旋转的程度，可以是正值表示顺时针旋转，也可以是负值表示逆时针旋转。

三是缩放。缩放操作可以通过将图像中每个像素点的坐标乘以一个缩放因子来实现。缩放因子可以是正值表示放大图像，也可以是小于 1 的值表示缩小图像。

除了这些基本操作，变换矩阵还可以用于执行剪切、错切和镜像等更复杂的变换。

图像仿射变换在计算机视觉和图像处理领域有着广泛的应用，可以用于图像校正、姿态估计、图像匹配等任务。

2.1.1　平移变换

图像平移变换指的是将图像中的所有像素沿着指定的平移向量移动的过程。在平移变换中，平移向量确定了图像在水平方向和垂直方向上的移动距离。

具体来说，设图像的平移向量为 (t_x, t_y)，则对于原图像中的每个像素点 (x, y)，其在变换后的图像中的对应点坐标为 $(x+t_x, y+t_y)$，在计算机图像处理中，可以通过对图像的像素矩阵进行移位操作来进行平移变换。例如，对一张大小为 $M \times N$ 的图像进行 (t_x, t_y) 的平移变换可以表示为：

$$T = \begin{bmatrix} 1 & 0 & t_x \\ 0 & 1 & t_y \\ 0 & 0 & 1 \end{bmatrix} T \qquad (2-1)$$

其中 T 是 3×3 的矩阵，表示平移变换的矩阵。然后，通过对原图像中的每个像素 (x, y) 进行矩阵变换。$[x'\ y'\ 1]^T = T [x'\ y'\ 1]^T$ 得到变换后的对应坐标 (x', y')，最终将该像素的灰度值赋值给变换后的图像中的对应像素（$x+t_x$，$y+t_y$）上，即可完成平移变换。需要注意的是，进行平移变换时，可能会出现图像边界溢出的情况，需要进行补边或裁剪等操作，以保证变换后图像的大小不变。具体操作如图 2.1 所示。

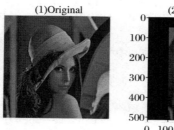
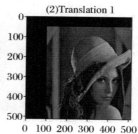
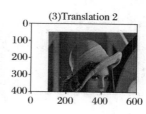

图 2.1　图像的平移

2.1.2　图像缩放

图像缩放是指改变图像的尺寸大小，可以通过放大或缩小图像来调整其观看体验或满足特定需求。图像缩放可以通过构造缩放矩阵 T：

$$T = \begin{bmatrix} f_x & 0 & 0 \\ 0 & f_y & 0 \\ 0 & 0 & 1 \end{bmatrix} \qquad (2-2)$$

其中 f_x，f_y 为缩放比例。图像经过如下变换：

$$\begin{bmatrix} x' \\ y' \\ 1 \end{bmatrix} = T \begin{bmatrix} x \\ y \\ 1 \end{bmatrix} \qquad (2-3)$$

其中 $\begin{bmatrix} x \\ y \\ 1 \end{bmatrix}$ 为缩放前的图像，$\begin{bmatrix} x' \\ y' \\ 1 \end{bmatrix}$ 为缩放后的图像。

几种常见的图像缩放方法如下。

一是最近邻插值，是最简单的缩放方法之一。它通过在新图像中选择最接近原始像素的像素值来进行缩放。这种方法容易实现，但可能会导致图像出现锯齿边缘和失真。最近邻插值方法适用于对图像进行放大操作时，放大的倍数比较小（通常不超过 2 倍）。它计算速度很快，对于对实时性要求比较高的应用可以考虑使用。

例如，如果要将一张 256×256 的图像缩小到 128×128 像素，对于每一个目标像素，在原始图像中离它最近的像素的颜色值就是所需的值，只需要在原始图像的四周找到最近的四个像素，然后挑选出颜色最接近的像素即可。

二是双线性插值。双线性插值是一种更精确的缩放方法。它通过在目标图像中以加权平均的方式考虑附近的像素来生成新的像素值，以此平滑图像并减少锯齿和失真。

三是双三次插值。这是一种更高级的插值方法，通过在目标图像中使用附近像素的加权平均值来生成新的像素值。它更加平滑，可以产生更高质量的结果，但也需要更多的计算资源。

四是 Lanczos 插值。Lanczos 插值是一种以窗口函数为基础的插值方法，它使用复杂的数学计算来产生平滑且具有较高质量的缩放图像。

下面是采用 Open CV 中 cv. resize 函数实现图像的缩放变换。

$$cv.resize(src,\ dsize[,\ dst,\ f_x,\ f_y,\ interpolation]) \longrightarrow dst$$

该函数能够实现图像的缩放，将图像大小调整为指定尺寸。参数说明如下：

src：表示输入的图像，是一个 Numpy 数组；

dst：表示输出图像，类型与 src 相同，图像尺寸由参数 $disze$ 或者 f_x, f_y 确定；

$disze$：表示输出图像大小，格式为元组（w, k）；

f_x，f_y：为水平、垂直方向的缩放比例；

$interpolation$：插值方法与逆变换标志，可选项，默认方法为
INTER_LINEAR。

图 2.2 是经过一定尺寸缩放后的图像。

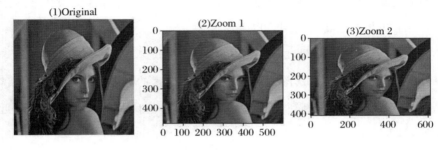

图 2.2　图像缩放

2.1.3　图像旋转

一般图像的旋转是以图像的中心为原点，旋转一定的角度，也就是将图像上的所有像素都旋转一个相同的角度。旋转后，图像的大小一般会改变，即可以把转出显示区域的图像截去，或者扩大图像范围来显示所有的图像。其过程如图 2.3 所示。

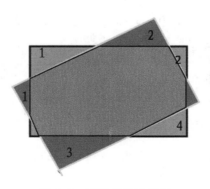

图 2.3　图像旋转示意图

图像旋转属于等距变化，变换后图像的长度和面积均不发生改变。图像以左上角（0，0）为中心，以旋转角度 θ 为顺时针旋转，可以构造旋转变换矩阵 T。

$$T = \begin{bmatrix} \cos\theta & -\sin\theta & 0 \\ \sin\theta & \mathit{con}\theta & 0 \\ 0 & 0 & 0 \end{bmatrix} \qquad (2-4)$$

利用旋转矩阵，实现图像的旋转。

$$\begin{bmatrix} x' \\ y' \\ 1 \end{bmatrix} = \begin{bmatrix} x \\ y \\ 1 \end{bmatrix} T \qquad (2-5)$$

图像以任意点（x，y）为旋转中心，以旋转角度 θ 顺时针旋转，可以先将原点平移到旋转中心（x，y），再对原点进行旋转处理，最后反向平移回坐标原点。可以通过 OpenCv 中的函数 cv. getRotationMatrix2D 计算以任意点为中心的旋转变换矩阵。

变换函数的原型为：$cv.\,getRotationMatrix\,2\mathrm{D}(center，angle，scale)$ $\longrightarrow T$

函数 cv. getRotationMatrix2D 能根据旋转中心和旋转角度计算旋转变换矩阵 T：

$$T = \begin{bmatrix} \alpha & \beta & (1-\alpha)x - \beta y \\ -\beta & \alpha & \beta x + (1-\alpha)y \end{bmatrix} \qquad (2-6)$$

$$\alpha = scale \cdot \mathit{cos}\theta \qquad (2-7)$$

$$\beta = scale \cdot \sin\theta \qquad (2-8)$$

其中参数说明如下。

$center$：旋转重心坐标，格式为元组（x，y）。

$angle$：旋转角度，角度制，以逆时针方向旋转。

$scal$：缩放系数，是浮点型数据。

2.2　图像灰度变换

图像灰度变换是指改变图像的灰度级别或者对比度以达到某种视觉效果的过程。

2.2.1　对数变换和 Gamma 变换

2.2.1.1　对数变换

图像对数变换是一种常用的图像灰度变换方法，通过对图像的像素值取对数来改变图像的对比度和亮度。

对数变换的主要作用是扩大较暗区域的灰度值范围，并且压缩较亮区域的灰度值范围，从而增强图像的对比度。对数变换能够更好地突出图像中的细节，并适用于处理具有大动态范围的图像。对数变换公式如下：

$$s = c \cdot \log_{v+1}(1 + v \cdot r) \quad r \in [0, 1] \qquad (2-9)$$

s 是输出的彩色的灰度值。

r 是输入值彩色的灰度值，其范围限定在 $[0, 1]$，这通常意味着 r 已经被归一化。

c 是一个比例常数。

v 是一个可调参数，用于控制对数曲线的形状。

需要注意的是，在进行对数变换时，由于对数函数不能处理零和负值，对于灰度值为零或负值的像素，通常可以先对图像的像素值进行平移或缩放使其变为正值。

从图 2.4 中可以很直观地看出，由于对数函数的上凸性质，它可以把低灰度的部分亮度提高。

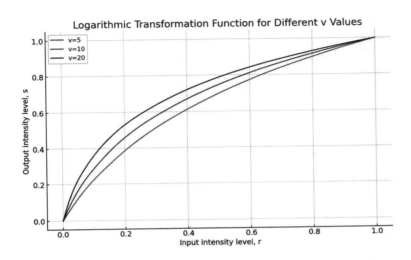

图 2.4 图像对数变换灰度变化曲线

在实际应用中，可以使用图像处理软件或编程语言中的相关函数或算法来实现图像的对数变换。

2.2.1.2 Gamma 变换

Gamma 变换是通过一个幂函数来调整图像的灰度级。这个变换函数通常表示为：

$$V_{out} = A \cdot V_{in}^r \qquad (2-10)$$

其中 V_{in} 是输入图像的灰度值，V_{out} 是输出图像的灰度。A 是一个常数，通常为 1，而 r 是 Gamma 校正的关键参数。

当 $r < 1$ 时校正会增强图像中较暗区域的对比度，同时压缩较亮区域的对比度。这在增强图像中的细节特别有用。

当 $r > 1$ 时，校正会增强图像中较亮区域的对比度，同时压缩较暗区域的对比度。这有助于在过曝的图像中恢复细节。

图 2.5 是通过 Gamma 变换后，不同输入值和输出值之间的对应关系。

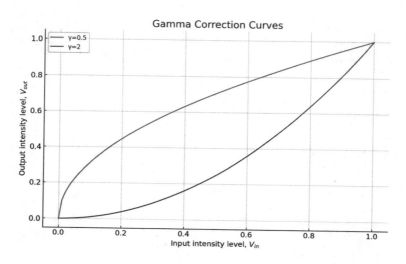

图 2.5　Gamma 变换曲线图

2.2.2　直方图均衡化

直方图均衡也称直方图拉伸，是一种简单有效的图像增强技术，通过改变图像的直方图分布，来改变图像中各像素的灰度，主要用于增强动态范围偏小的图像的对比度。原始图像由于其灰度分布可能集中在较窄的区间，造成图像不够清晰（如上图左），曝光不足将使图像灰度级集中在低亮度范围内。采用直方图均衡化，可以把原始图像的直方图变换为均匀分布的形式，这样就增加了像素之间灰度值差别的动态范围，从而达到增强图像整体对比度的效果。

换言之，直方图均衡化的基本原理是：对在图像中像素个数多的灰度值（即对画面起主要作用的灰度值）进行展宽，而对像素个数少的灰度值（即对画面不起主要作用的灰度值）进行归并，从而增大对比度，使图像清晰，以达到增强效果的目的。

图 2.6　直方图均衡化前后图片变化

直观可见，图 2.6 中左图对比度低，图像朦胧，看着很不自然，右图就很适合人眼的视觉特性，对比度、辨识度，甚至舒适度都有很大的提升。

图像的灰度值是一个线性函数，但像素的分布（灰度直方图）是一个一维的离散函数，重点是直方图如何分布。左图像素值基本上都聚集在 100～130 之间，而在直方图均衡化之后，像素值则均匀地分布在 0～255 之间。实际上，在直方图均衡化后，图片也有更高的对比度，自然就具有更高的清晰度与辨识度。

通过原始图像的直方图实现直方图均衡化的基本步骤如下。

一是计算原始图像的直方图。直方图是图像每个像素值出现次数的统计图。对于灰度图像，直方图将显示从黑色（值为 0）到白色（值为 255）的每个灰度值的频率。

二是计算累积分布函数（CDF）。这是一个累积函数，它计算每个灰度级及其以下所有灰度级的累积概率。

三是基于累积分布函数。通过插值计算得到新的灰度值。

$$s_k = T(r_{kl}) = (L-1)\sum_{j=0}^{k} p_r(r_j) = (L-1)\sum_{j=0}^{k} \frac{n_j}{N} \qquad (2-11)$$

上式中，r_k 和 s_k 分别表示原始图像 src 和新图像 dst 各个灰度级 k 的对应像素，p_r 表示灰度值 r 的概率密度函数，n_j 表示灰度值为 j 的像素值，L 是灰度级，N 是像素的总数。

四是应用映射函数。使用上一步创建的映射函数，将每个像素的灰度值从原始图像的分布映射到新的、更均匀的图像。

2.2.3　图像直方图归一化

图像归一化是一种常用的图像处理技术，它可以使图像的像素值范围归一化到一个特定的范围内，通常是 [0，1] 或 [−1，1]。这个过程对于许多计算机视觉任务是必要的，比如图像分类、目标检测和图像生成。

图像归一化的目的是消除不同图像之间的亮度和对比度差异，以及减少由于图像传感器或其他因素引起的噪声。它可以提高模型的鲁棒性，使模型在不同图像上表现更加一致。常见的图像归一化方法如下。

一是最大最小值归一化（Min-Max Normalization）。将图像的像素值线性映射到指定范围内，比如 [0，1]。对于每一个一维特征 x_i，$i=$ 1，2，3，……p，第 k 个样本的特征值 $x_{i,k}$，$k=1$，2……n 归一化后使结果值映射到 [0，1] 之间。其中 $\max(x_i)$ 和 $\min(x_i)$ 分别是特征 x_i 在所有样本上的最小值和最大值。

$$\hat{x} = \frac{x_{ik} - \min(x_i)}{\max(x_i) - \min(x_i)} \tag{2-12}$$

因为归一化对异常值（如最大值或最小值）非常敏感，所以大多数机器学习算法会选择标准化来进行特征缩放。在主成分分析（PCA）、聚类、逻辑回归、支持向量机、神经网络等算法中，标准化归一方法往往是最好的选择。归一化在数据需要被压缩到特定区间时，或不涉及距离度量、梯度、协方差计算时被广泛使用，如数字图像处理中量化像素强度时，都会使用归一化将数据压缩在区间［0，1］内。

二是标准化（standardization）也叫 Z 值归一化（Z-score normalization），是将样本每一维特征都调整为均值为 0，方差为 1 的分布。

对于特征 x_i，先计算它的均值和方差。

$$\mu_i = \frac{1}{n} \sum_{k=1}^{n} x_{ik} \qquad (2-13)$$

$$\sigma_i^2 = \frac{1}{n} \sum_{k=1}^{n} (x_{ik} - \mu_i)^2 \qquad (2-14)$$

再将第 k 个样本的特征值 x_{ik}，$k = 1$，2，3…n 减去均值 μ_i，并除以标准差 σ_i，得到新的特征值。

$$\hat{x}_{ik} = \frac{x_{ik} - \mu_i}{\sigma_i + \varepsilon} \qquad (2-15)$$

其中 $+\varepsilon$ 是为了防止分母为零。

标准化的不足在于无法减少特征的相关性。

图像归一化处理主要应用在计算机视觉领域，并在以下几个方面发挥作用。

一是训练深度学习模型。在训练深度学习模型时，对图像进行归一化处理是非常重要的。通过将像素值缩放到特定的范围（通常为［0，1］或［−1，1］），可以使得输入数据的分布更加统一，有利于模型的训练。归一化可以提高模型的收敛速度，并帮助避免梯度消失或梯度爆炸等问题。

二是特征提取与表示。在图像的特征提取和表示过程中，对图像进行归一化是必要的。归一化处理可以将不同图像的特征向量转化为具有统一尺度和相似范围的特征表示，使得不同图像的特征更易于进行比较和匹配。

三是数据增强。在数据增强中，图像归一化可以用于增加训练数据的多样性和鲁棒性。通过对图像进行归一化处理，可以对图像亮度、对比度、颜色等进行调整，扩充数据集并提高训练模型的泛化能力。

四是目标检测和分割。在目标检测和分割任务中，归一化可以帮助减小目标和背景之间的亮度差异和尺度差异，提高模型对目标的识别和定位准确性。

总的来说，图像归一化处理在深度学习模型训练、特征提取、数据增强、目标检测和分割等方面扮演重要角色，可以提高模型的性能和鲁棒性。

2.3 图像傅里叶变换

2.3.1 图像傅里叶变换

图像傅里叶变换（Fourier Transform）是一种用于将图像从空域（时域）转换到频域的数学变换方法。它基于傅里叶分析原理，将一个图像表示为频率的分布。从纯粹的数学意义上看，傅里叶变换是将一个图像函数转换为一系列周期函数来处理的；从物理效果看，傅里叶变换是将图像从空间域转换到频率域，其逆变换是将图像从频率域转换到空间域。即傅里叶变换的物理意义是将图像的灰度分布函数变换为图像的频率分布函数。

傅里叶变换包含连续傅里叶变换、离散傅里叶变换、快速傅里叶变换和短时傅里叶变换等，而在数字图像处理中使用的是二维离散傅里叶变换。

2.3.1.1 一维连续傅里叶变换

连续傅里叶变换（Continuous Fourier Transform）是一种将时间域连

续信号转换成频域连续信号的数学工具，常用于信号处理和图像处理领域。

图像的连续傅里叶变换可以用来将图像从空间域（即像素坐标）转换为频率域（即频率坐标）。通过使用傅里叶变换，可以将图像拆分成不同的频率分量，并观察每个频率分量的贡献。一维连续傅里叶变换分为傅里叶正变换和反变换。

连续函数 f（x）的傅里叶正变换 f（u）：

$$F(u) = \int_{\infty}^{\infty} f(x) e^{-j2\pi ux} dx \qquad (2-16)$$

傅里叶变换 F（u）的反变换：

$$f(x) = \int_{-}^{\infty} F(u) e^{j2\pi ux} du \qquad (2-17)$$

图像进行一维连续的傅里叶变换具体的步骤如下：

第一步，将图像转换为灰度图像（如果图像不是灰度图像）；

第二步，对灰度图像进行零填充，以确保图像的大小是 2 的幂次方（如果图像大小为 512×512，则填充到 1024×1024）；

第三步，对零填充后的图像进行二维傅里叶变换。这可以通过对图像中的每个像素应用一维傅里叶变换来完成；

第四步，得到的结果是一个复数矩阵，包含了图像在频率域中的幅度和相位信息。可以通过将这个复数矩阵视为频谱图像进行可视化，以显示不同频率分量的贡献。

第五步，如果需要，可以应用逆傅里叶变换将频率域图像转换回空间域图像。

连续傅里叶变换可以帮助在频域中分析图像的频率特征，如边缘、纹理等。这种转换在图像处理中被广泛应用，如图像增强、滤波器设计、特征提取等。

2.3.1.2　一维离散傅里叶变换

一维离散傅里叶变换是一种将离散时间序列转换为频域信号的方法，常用于数字信号处理、图像处理、音频处理等领域。其原理基于傅里叶分析的思想，即将一个信号分解为一系列不同频率的正弦波的叠加，通过离散傅里叶变换，可以将一个序列表示成一个频域的复数矩阵，其中矩阵的每个元素表示了不同频率和相位的信息。

一维离散傅里叶变换正变换：

$$F(u) = \sum_{x=0}^{N-1} f(x) e^{-j2\pi ux/N} \tag{2-18}$$

一维离散傅里叶变换逆变换：

$$f(x) = \frac{1}{N} \sum_{x=0}^{N-1} F(u) e^{j2\pi ux/N} \tag{2-19}$$

u 值决定了变换的频率成分，因此，$F(u)$ 覆盖的域（u 值）称为频率域，其中每一项都被称为 FT 的频率分量。与 $f(x)$ 的"时间域"和"时间成分"相对应。

将一个离散时间序列转换为频域表示，从而帮助分析信号的频率特征、滤波、特征提取等。一维离散的傅里叶变换主要作用如下。

一是频谱分析。通过离散傅里叶变换，可以将一个时间序列分解为不同频率信号的叠加。频谱分析可以帮助了解信号中的频率成分，包括主要频率、频带宽度、谐波等信息。这对于音频处理、图像处理以及信号处理中的频谱分析非常有用。

二是滤波器设计。在滤波器设计中，离散傅里叶变换可以帮助分析信号的频率特征，并设计相应的滤波器以滤除不需要的频率成分或增强感兴趣的频率信号。通过将信号转换到频域进行滤波，可以更方便地进行频率选择和波形调整。

三是特征提取。在模式识别和信号处理中，一维离散傅里叶变换可用于提取信号的频域特征。通过将信号转换到频域，可以捕捉到信号中的特定频率分量，用于识别和分类。例如，语音识别中常用的 MFCC 特征就是通过将语音信号进行离散傅里叶变换得到的频域特征。

四是压缩和编码。离散傅里叶变换也广泛用于信号的压缩和编码。通过在频域中分析信号的频率分量，可以压缩信号并减少数据量，同时保留主要的频率信息。这对于图像压缩、音频压缩以及视频编码等应用非常重要。

2.3.1.3　二维离散的傅里叶变换

二维离散傅里叶变换（Two-Dimensional Discrete Fourier Transform）是一种将离散的时间信号从时域转换到频域的数学工具，常用于图像处理、信号处理和通信系统中。

在图像处理中，图像通常表示为二维函数 $f(x, y)$，其中 x 和 y 表示图像的空间位置坐标。

一个图像尺寸为 $M \times N$ 的函数 $f(x, y)$ 的离散傅里叶变换 $F(u, v)$：

$$F(u, v) = \sum_{x=0}^{M-1} \sum_{y=0}^{N-1} f(x, y) e^{-j2\pi(ux/M+vy/N)} \qquad (2-20)$$

$F(u, v)$ 的反变换：

$$f(x, y) = \frac{1}{MN} \sum_{u=0}^{M-1} \sum_{v=0}^{N-1} F(u, v) e^{j2\pi(ux/M+vy/N)} \qquad (2-21)$$

$(u, v) = (0, 0)$ 位置的傅里叶变换值为：

$$F(0, 0) = \frac{1}{MN} \sum_{x=0}^{M-1} \sum_{y=0}^{N-1} f(x, y) = \overline{f(x, y)} \qquad (2-22)$$

图像二维离散傅里叶变换的算法步骤如下。

一是图像预处理。对输入的图像进行预处理，通常包括调整图像尺寸、灰度化等操作，以便进行后续的频域变换。

二是图像填充。为了避免频谱的周期性影响，需要对图像进行填充操作，将图像的尺寸扩展为 2 的幂次方（例如 128×128）或其他满足快速傅里叶变换（FFT）特性的尺寸。

三是傅里叶变换。使用快速傅里叶变换（FFT）算法对填充后的图像进行二维离散傅里叶变换。该算法能够有效地降低计算复杂度，提高计算效率。水平方向的一维傅里叶变换：对图像的每一行应用一维离散傅里叶变换（DFT）。垂直方向的一维傅里叶变换：对上述结果的每一列应用一维离散傅里叶变换（DFT）。这样操作就完成了图像的二维离散傅里叶变换，得到图像在频域上的复数表示。

四是频谱中心化。为了便于分析，需要将频谱的低频部分移动到图像的中心位置。可以通过将频谱沿着水平和垂直方向同时进行平移来实现：将频谱的左上角区域与右下角区域进行交换，将频谱的右上角区域与左下角区域进行交换。

五是频谱可视化。通过对频谱进行可视化，可以观察到图像在频域中各个频率分量的贡献。可以使用幅度谱来表示频域的强度信息，使用相位谱来表示频域的相位信息。

六是频域操作。在频域中进行操作，如滤波、增强等。可以通过修改频域的幅度或相位信息来修改图像。

七是逆变换。将频域信号反变换回空域，得到经过处理后的图像。水平方向的逆变换：对频域的每一行应用逆离散傅里叶变换（IDFT）。垂直方向的逆变换：对上述结果的每一列应用逆离散傅里叶变换（ID-FT）。

进行以上七个步骤，就可以得到了经过二维离散傅里叶变换处理后的图像。

图像连续二维傅里叶变换的主要作用是频域分析和处理图像，从而可以实现图像增强、边缘检测、特征提取、图像压缩、图像旋转和对齐等多种功能。它在图像处理、计算机视觉、图像压缩和通信等领域中被广泛应用，为图像分析和处理提供了有效的工具和方法。

2.3.1.4　二维连续傅里叶变换

图像二维连续傅里叶变换是将图像从空域转换到频域的数学工具，它能够展示出图像在各个频率域上的分布。图像通常可以表示为一个二维连续函数 $f(x, y)$，其中 x 和 y 表示图像中的空间坐标，$f(x, y)$ 表示该坐标处的像素值。二维连续傅里叶变换通过将这个函数表示为各种频率和相位成分的和来分析它的频率特性。

二维连续傅里叶变换的定义：

$$F(u, v) = \int_{-\infty}^{\infty} f(x, y) e^{-j2\pi(ux+vy)} dxdy \qquad (2-23)$$

j 是虚数单位，u，v 表示频率域中的坐标。

二维连续傅里叶逆变换的定义：

$$f(x, y) = \int_{-\infty}^{\infty} F(u, v) e^{j2\pi(ux+vy)} dudv \qquad (2-24)$$

图像二维连续傅里叶变换的步骤如下。

一是图像预处理。对输入的图像进行预处理，通常包括调整图像尺寸、灰度化等操作，以便进行后续的频域变换。

二是定义连续二维函数 $f(x, y)$。将图像看成一个二维连续函数 $f(x, y)$，其中 x 和 y 表示图像中的空间坐标，$f(x, y)$ 表示该坐标处的像素值。

三是二维连续傅里叶变换。计算连续二维函数 $f(x, y)$ 的二维连续傅里叶变换 $F(u, v)$。

四是频谱幅度谱和相位谱。通过计算 $F(u, v)$ 的幅度谱和相位谱来得到图像在频域中频率分量的表示和分布。幅度谱展示了各个频率分量的强度信息，而相位谱则反映了各个频率分量之间的相对相位信息。

五是频域操作（可选）。根据应用需求，可以在频域中对图像进行操作，如进行滤波、增强等。

六是逆变换。利用二维连续傅里叶逆变换将频域信号反变换回空域，得到经过处理后的图像函数 $f(x, y)$。

具体计算过程中，采用傅里叶切片定理的方式可以大大降低计算量，同时也可以避免数据周期的影响。

2.3.2　Open CV 实现图像离散傅里叶变换

Numpy 中的 FFT 包提供了函数 np. fft. fft2 可以对信号进行快速傅里叶变换，其函数原型如下所示，该输出结果是一个复数数组（complex array）。

$$fft2 [a, s＝None, axes＝（-2, -1）, norm＝None] \quad (2-25)$$

a：表示输入图像，阵列状的复杂数组。

s：表示整数序列，可以决定输出数组的大小。输出可选形状（每个转换轴的长度），其中 s [0] 表示轴 0，s [1] 表示轴 1。对应 fit（x, n）函数中的 n，沿着每个轴，如果给定的形状小于输入形状，则将剪切输入；如果大于，则输入将用零填充；如果未给定 's'，则使用沿 'axles' 指定的轴的输入形状。

axes：表示整数序列，用于计算 FFT 的可选轴。如果未给出，则使用最后两个轴。"axes"中的重复索引表示对该轴执行多次转换，一个元素序列意味着执行一维 FFT。

norm：包括 None 和 ortho 两个选项，规范化模式（请参见 numpy. fft）。默认值为无。

然而，在傅里叶变换频谱图像中，高频分量在频谱图像的中心，低频分量在频谱的四角。为了便于观察和处理，通常对频谱进行中心化处理，将低频分量移到频谱中心，高频分量移到四角。完成频域滤波后，通过逆操作将中心化的频谱移回，得到复原后的傅里叶频谱。

Numpy 中的函数 numpy.ff.shif 用于将傅里叶低频分量移到频谱中心，函数 numpy.fft.ifftshif 是其逆操作，用于将低频分量从频谱中心移回四角。具体实现函数：

$$numpy.fft.fftshift(x,\ axes=\ None) \rightarrow y \qquad (2-26)$$

X：输入的频谱，是 Numpy 数组。

Y：移位后的频谱，是 Numpy 数组。

Axes：整数或者表示数组形状的元组，可选项，默认为 None。

通过将一幅图片经过预处理后，使用离散的傅里叶变换函数 fftshit 和逆变换函数 ifftshift 得到如图 2.7 所示图像。

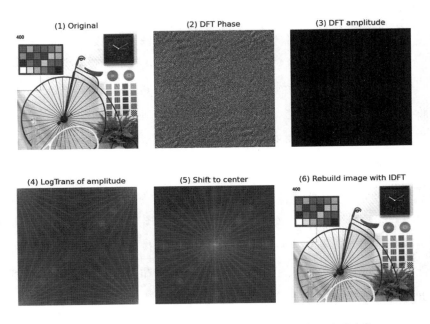

图 2.7　二维图像的离散傅里叶变换与离散的傅里叶逆变换

图 2.7 中图（1）为原始图像，图（2）为相位谱，图（3）为幅度

谱，图（4）为图（3）进行对数变换的幅度谱，图（5）为所示图（4）进行中心化处理的结果，图（6）所示为傅里叶变换的复原图像。图（3）显示的幅度谱并非完全黑色的，在图像的四角位置都有细微的亮区域（其实看不见），但由于幅度谱 dftMag 动态范围太大而难以清晰显示。图（4）对幅度谱进行了对数变换，压缩了动态范围，显示了频谱细节，低频分量处于图像的四角。图（5）进行了中心化处理，便于频域处理。

2.4　图像小波变换

小波分析的思想最早出现在 1910 年。Haar 提出了小波规范正交基。1981 年，Stromberg 对 Haar 系进行了改造，为小波分析奠定了基础。1986 年 Meyer 和 Lemarie 提出了多尺度分析的思想。后来，信号分析专家 Mallat 提出了多分辨分析的概念，给出了构造正交小波基的一般方法，并以多分辨分析为基础提出了著名的快速小波算法——Mallat 算法。Mallat 算法的提出标志着小波理论获得突破性进展。从此，小波分析从理论研究走向了应用研究。小波分析可以将各种交织在一起的由不同频率组成的混合信号分解成不同频率的块信号，能够有效地解决诸如数值分析、信号分析、图像处理、量子理论、地震勘探、语音识别、计算机视觉、CT 成像、机械故障诊断等问题。

图像小波变换（Wavelet Transform）是将图像从空域转换到小波域的一种数学工具。与傅里叶变换只能展示出图像在各个频率上的分布不同，小波变换能够同时表示出图像在各个频率和尺度上的信息，因此具有更好的局部性和时域性。

2.4.1 连续小波变换和离散小波变换

小波变换是一种窗 El 面积（即窗口大小）固定但窗口形状可变的时频局部化分析方法，其高频部分的时间分辨率较高而频率分辨率较低；低频部分的频率分辨率较高而时间分辨率较低，因此对信号具有良好的自适应性，被冠以"数学显微镜"的美誉。小波变换又可分为连续小波变换和离散小波变换两种。

连续小波变换的概念是由 Morlet 等人提出[1]。设 $\psi(x)$ 为小波变换的核函数，若核函数 $\psi(x) \in L_I(R)$ 若满足容许性条件：

$$C_\psi = \int_R \frac{\mid (F_\psi)(\omega) \mid^2}{\mid \omega \mid} d\omega < +\infty \qquad (2-27)$$

则称该函数 $\phi(x)$ 为基小波。一维信号 $f(t) \in L^2(R)$ 的连续小波变换可定义为：

$$(W_\psi, f)(a, b) = \frac{1}{\sqrt{\mid a \mid}} \int_R f(x) \psi\left(\frac{t-b}{a}\right) dx \qquad (2-28)$$

根据上述对基小波定义，可知：$\int_R \mid \phi(x) \mid dx < \infty$，且 $\phi(x)$ 在无穷远处趋近于零。一般地，记为：

$$\phi_{a, b}(x) = \phi\left(\frac{x-b}{a}\right) a, \, b \in R, \, a < 0 \qquad (2-29)$$

函数 $\phi_{a, b}(x)$ 是由基小波函数 $\phi(x)$ 经过尺度 a 的伸缩和 b 的平移之后所得。常用的连续小波包括：Morlet 小波、Daubechies 小波、三次样条小波、Meyer 小波和 Simoncelli 小波等。

与连续小波变换相对应的是离散小波变换，其一般形式为：

$$(W_\phi f)(m, n) = <f, \phi_{m, n}> = \mid a_0 \mid^{-\frac{m}{2}} \int_R f(x) \phi\left(\frac{x - nb_0}{a_0^m}\right) dx$$

$$(2-30)$$

其中 $\left\{\phi_{m,n}(x) = a_0^{-\frac{m}{2}} \phi\left(\frac{x - nb_0}{a_0^m}\right) m, n \in Z\right\}$ 为小波基，a_0、b_0 为两个常量且 $a_0 > 0$。离散小波最具代表性的为二进小波，即 a_0 为 2 的幂次 2^J，b_0 取整。

由于小波变换在时域和频域同时兼有局部化能力，且能逐步聚焦到对象的任何细节进行分析，因此在人脸识别应用领域得到众多研究者的关注。

2.4.2　几种常见的小波

同傅里叶分析不同，小波分析的基（小波函数）不是唯一存在的，所有满足小波条件的函数都可以作为小波函数。那么，小波函数的选取就成了十分重要的问题[8]。

2.4.2.1　Haar 小波

Haar 于 1990 年提出一种正交函数系，定义如下：

$$\psi_H(x) = \begin{cases} 1 & 0 \leqslant x \leqslant 1/2 \\ -1 & 1/2 \leqslant x < 1 \\ 0 & 其他 \end{cases} \qquad (2-31)$$

这是一种最简单的正交小波，即为：

$$\int_{-\infty}^{\infty} \psi(t)\psi(x-n)dx = 0 \qquad n = \pm 1, \pm 2 \qquad (2-32)$$

2.4.2.2　Daubechies（dbN）小波系

该小波是 Daubechies 从两尺度方程系数 $\{h_k\}$ 出发设计出来的离散正交小波。一般简写为 dbN，其中 N 是小波的阶数。小波 ψ 和尺度函数阈中的支撑区为 $2N-1$，φ 的消失矩为 N。除当 N=1 外（Haar 小波），dbN

不具对称性（即非线性相位），dbN 没有显式表达式，但 $\{h_k\}$ 的传递函数的模的平方有显式表达式。假设 $P(y) = \sum_{k=0}^{N-1} C_k^{N-1+k} y^k$ ，其中，C_k^{N-1+k} 为二项式的系数，则有：

$$|m_0(\omega)|^2 = \left(\cos^2 \frac{\omega}{2}\right)^N P\left(\sin^2 \frac{\omega}{2}\right) \qquad (2-33)$$

其中 $m_0(\omega) = \dfrac{1}{\sqrt{2}} \sum_{k=0}^{2N-1} h_k e^{-ik\omega}$ 。

2.4.2.3 Biorthogonal（biorNr. Nd）小波系

Biorthogonal 函数系的主要特征体现在具有线性相位性，它主要应用在信号与图像的重构中。通常的用法是采用一个函数进行分解，用另外一个小波函数进行重构。Biorthogonal 函数系通常表示为 biorNr. Nd 的形式为：

$$
\begin{aligned}
&Nr=1 \qquad Nd=1，3，5 \\
&Nr=2 \qquad Nd=2，4，6，8 \\
&Nr=3 \qquad Nd=1，3，5，7，9 \\
&Nr=4 \qquad Nd=4 \\
&Nr=5 \qquad Nd=5 \\
&Nr=6 \qquad Nd=8
\end{aligned}
\qquad (2-34)
$$

其中，r 表示重构，d 表示分解。

2.4.2.4 Coiflet（coifN）小波系

Coiflet 也是函数由 Daubechies 构造的一个小波函数，它具有 coifN（N=1，2，3，4，5）这一系列特征，coiflet 具有比 dbN 更好的对称性。从支撑长度的角度看，coifN 具有和 db3N 及 sym3N 相同的支撑长度；从消失矩的数目来看，coifN 具有和 db2N 及 sym2N 相同的消失矩数目。

2.4.2.5　SymletsA（symN）小波系

Symlets 函数系是由 Daubechies 提出的近似对称的小波函数，它是对 db 函数的一种改进。Symlets 函数系通常表示为 symN（N＝2，3…8）的形式。

2.4.2.6　Morlet（morl）小波

Morlet 函数定义为 $\Psi(x) = Ce^{-x^2/2}\cos 5x$。它的尺度函数不存在，且不具有正交性。

2.4.2.7　Mexican Hat（mexh）小波

Mexican Hat 函数为：

$$\Psi(x) = \frac{2}{\sqrt{3}}\pi^{-1/4}(1-x^2)e^{-x^2/2} \tag{2-31}$$

它是 Gauss 函数的二阶导数，因为它的图像像一顶墨西哥帽的截面，所以有时称这个函数为"墨西哥帽函数"。墨西哥帽函数在时间域与频率域都有很好的局部化，并且满足：

$$\int_{-\infty}^{\infty} \psi(x)dx = 0 \tag{2-36}$$

由于它的尺度函数不存在，因而不具有正交性。

2.4.2.8　Meyer 函数

Meyer 小波函数 Ψ 和尺度函数 φ 都是在频率域中进行定义的，是具有紧支撑的正交小波：

$$\Psi(\omega) = \begin{cases} (^2\pi) - 1/2 e^{j\omega/2} \sin\left[\frac{\pi}{2}\upsilon\left(\frac{3}{2\pi}|\overline{\omega}|-1\right)\right] & \frac{2\pi}{3} \leqslant |\omega| \leqslant \frac{4\pi}{3} \\[2mm] (^2\pi) - 1/2 e^{j\omega/2} \cos\left[\frac{\pi}{2}\upsilon\left(\frac{3}{2\pi}|\overline{\omega}|-1\right)\right] & \frac{4\pi}{3} \leqslant |\omega| \leqslant \frac{8\pi}{3} \\[2mm] 0 & |\overline{\omega}| \notin \left[\frac{2\pi}{3}, \frac{8\pi}{3}\right] \end{cases} \quad (2-37)$$

其中，$\upsilon(a)$ 为构造 Meyer 小波的辅助函数，且有：

$$\varphi(\omega) = \begin{cases} (^2\pi) - 1/2 & |\omega| \leqslant \frac{2\pi}{3} \\[2mm] (^2\pi) - 1/2\cos\left[\frac{\pi}{2}\upsilon\left(\frac{3}{2\pi}|\overline{\omega}|-1\right)\right] & \frac{2\pi}{3} \leqslant \overline{\omega} \leqslant \frac{4\pi}{3} \\[2mm] 0 & |\omega| > \frac{4\pi}{3} \end{cases} \quad (2-38)$$

2.4.3　二维小波变换与逆变换

把对一维的表示推广到二维，考虑二维尺度函数是可分离的情况，可有 3 个二维小波，则二维尺度函数和小波函数可表示为：

$$\begin{aligned} \varphi(x,\ y) &= \varphi(x)\varphi(y) \\ \psi^h(x,\ y) &= \varphi(x)\psi(y) \\ \psi^v(x,\ y) &= \psi(x)\varphi(y) \\ \psi^d(x,\ y) &= \psi(x)\psi(y) \end{aligned} \quad (2-39)$$

设 $\{c_j(k_1,\ k_2)\}$ 表示一幅离散图像，用低通滤波器 h 和高通滤波器 g 分别对 c_j 的每一行做滤波，并作隔点抽样，然后再用它们分别对 c_j 的每一列滤波并做隔点抽样，得到图像低频概貌 c_{j+1} 和图像高频细节 d^h_{j+1}、d^v_{j+1}、d^d_{j+1}，则有如下小波正变换（分解算法）：

$$c_{j+1}(n_1, n_2) = \sum_{k_1} \sum_{k_2} h(2n_1 - k_1) h(2n_2 - k_2) c_k(k_1, k_2)$$

$$d_{j+1}^h(n_1, n_2) = \sum_{k_1} \sum_{k_2} h(2n_1 - k_1) g(2n_2 - k_2) c_k(k_1, k_2)$$

$$\tag{2-40}$$

$$d_{j+1}^v(n_1, n_2) = \sum_{k_1} \sum_{k_2} g(2n_1 - k_1) h(2n_2 - k_2) c_k(k_1, k_2)$$

$$d_{j+1}^d(n_1, n_2) = \sum_{k_1} \sum_{k_2} g(2n_1 - k_1) g(2n_2 - k_2) c_k(k_1, k_2)$$

其小波逆变换（重构算法）如下式：

$$c_j(k_1, k_2) = \sum_{n_1} \sum_{n_1} \widetilde{h}(k_1 - 2n_1) \widetilde{h}(k_2 - 2n_2) c_{j+1k}(n_1, n_2)$$

$$+ \sum_{n_1} \sum_{n_1} \widetilde{h}(k_1 - 2n_1) \widetilde{g}(k_2 - 2n_2) d_{j+1}^h(n_1, n_2)$$

$$\tag{2-41}$$

$$= \sum_{n_1} \sum_{n_1} \widetilde{g}(k_1 - 2n_1) \widetilde{h}(k_2 - 2n_2) d_{j+1}^v(n_1, n_2)$$

$$+ \sum_{n_1} \sum_{n_1} \widetilde{g}(k_1 - 2n_1) \widetilde{g}(k_2 - 2n_2) d_{j+1}^d(n_1, n_2)$$

对于 $N \times N$ 像素的图像，小波变换能分解 J 层，整数 $J \leqslant \log_2^n$。在每一尺度下，c_j 包含前一阶段的低频信息，而 d_j^h、d_j^v 和 d_j^d 分别包含前一阶段横向、纵向和对角方向的边缘细节信息。

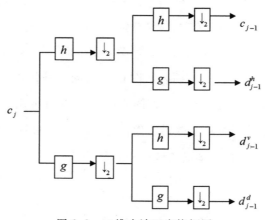

图 2.8　二维小波正变换框图

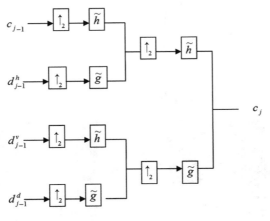

图 2.9 二维小波逆变换框图

图 2.8、2.9 中，↓₂ 表示抽样，为两点取一点的抽样，即只剩下一半样数的分解过程；↑₂ 表示插样，即得到的样数为原先样数的两倍。

2.4.4 图像小波变换的实现

2.4.4.1 图像小波变换的正变换

图像小波分解的正变换可以依据二维小波变换按如下方式扩展，在变换的每一层次，图像都被分解为四个四分之一大小的图像。

由于图像属于典型的二维信号，将图像进行二维离散小波变换便得到了如下图所示的三种不同频段的图像分量。从图 2.10 可以看到，图像的低频分量与原始图像差异较小，可以完整反映原始图像；高频信号粒度最大，表示图像的对角细节，所反映的图像信息也较少，该层适合作为水印嵌入的载体。

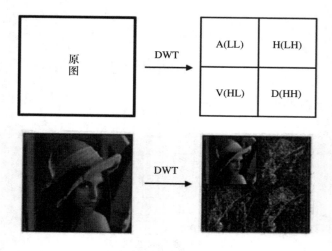

图 2.10　图像的一维小波变换

2.4.4.2　二维小波变换的 **Mallat** 算法及实现

对于二维图像信号，在每一层分解中，由原始图像信号与一个小波基函数的内积后再经过在 x 和 y 方向的二倍间隔抽样而生成四个分解图像信号。对于第一个层次（j＝1）可写成：

$$A_2^0(m, n) = <A_1^0(x, y), \varphi(x-2m, y-2n)>$$
$$D_2^1(m, n) = <A_1^0(x, y), \psi^1(x-2m, y-2n)>$$
$$D_2^2(m, n) = <A_1^0(x, y), \psi^2(x-2m, y-2n)> \quad (2-42)$$
$$D_2^3(m, n) = <A_1^0(x, y), \psi^3(x-2m, y-2n)>$$

将上式内积改写成卷积形式，则得到离散小波变换的 Mallat 算法的通用公式：

$$A_{2^{j+1}}^0(m, n) = \sum_{x, y} A_{2^j}^0(x, y)h(x-2m)h(y-2n)$$

$$D_{2^{j+1}}^1(m, n) = \sum_{x, y} A_{2^j}^0(x, y)h(x-2m)g(y-2n)$$

$$(2-43)$$

$$D_{2^{j+1}}^2(m, n) = \sum_{x, y} A_{2^j}^0(x, y)g(x-2m)h(y-2n)$$

$$D_{2^{j+1}}^3(m, n) = \sum_{x, y} A_{2^j}^0(x, y)g(x-2m)g(y-2n)$$

使用 WAVEDEC2 函数对图像进行分解，其函数调用格式如下：

$$[C, L] = WAVEDEC2 (X, N', WNAME');$$

其中，X 表示原始图像，N 表示分解层数，WNAME 表示小波函数，C 表示各层系数，L 表示各层系数对应的长度。图 2.11 是使用 MALLAT 对图像进行 MALLAT 快速塔式分解的图像。

图 2.11　图像 Mallat 快速塔式分解

2.5　基于小波变换的图像去噪

2.5.1　图像噪声

2.5.1.1　噪声来源

（1）在光电、电磁转换过程中引起的人为噪声。

（2）大气层电（磁）暴、闪电、电压和浪涌等引起的强脉冲性冲击干扰。

（3）由物理的不连续性或粒子性所引起的自然起伏性噪声。

2.5.1.2　噪声分类

图像是一种重要的信息源，其本质是光电信息。一幅图像在实际应用中可能存在各种各样的噪声，这些噪声可能在传输中产生，也可能在量化等处理中产生。根据噪声和信号的关系，可将其分为三种形式：$f(x, y)$ 表示给定原始图像，$g(x, y)$ 表示图像信号，$n(x, y)$ 表示噪声。

1. 加性噪声

含噪声的图像可表示为：$f(x, y) = g(x, y) + n(x, y)$，即噪声与信号的关系是相加的。不管有没有信号，噪声都会存在。加性噪声干扰有用信号，因而不可避免地对通信造成危害。因此，对图像进行相关处理前必须去除加性噪声。信道噪声及带光导摄像管的摄像机扫描图像时产生的噪声就属这类噪声。

加性噪声中包括椒盐噪声、高斯噪声等典型的图像噪声。椒盐噪声往往由图像切割引起，是由图像传感器等产生的黑图像的白点、白图像上的黑点。去除脉冲干扰级椒盐噪声可以用均值滤波、维纳滤波等经典图像去噪技术进行去噪处理，而非线性滤波技术中值滤波是其中最常用的方法。高斯噪声就是 n 维分布都服从高斯分布，即正态分布的概率密度函数的噪声。高斯噪声是图像含有的主要噪声，在小波域里能很好地去除高斯噪声。

2. 乘性噪声

含噪声的图像可表示为：$f(x, y) = g(x, y) + n(x, y)g(x, y)$，即噪声与信号的关系是相乘的。信号在它在，信号不在它也就不在。乘性噪声一般由信道不理想引起。飞点扫描器扫描图像时的噪声、电视图像中的相干噪声、胶片中的颗粒噪声就属于此类噪声。

3. 量化噪声

此类噪声与输入图像信号无关，是量化过程存在量化误差，再反映到接收端而产生。这类噪声不是本书研究的方向。

一般来说，图像噪声多是与信号直接相加的。原则上在去除乘性噪声信号时，最好先将其转换为加性噪声。因此，去噪的主要目的是去掉加性噪声的影响，即高斯噪声和椒盐噪声。

2.5.2　噪声模拟

研究图像去噪技术，首先要给图像添加噪声，进行噪声的模拟。数字图像噪声产生的途径有很多种。MATLAB 的图像处理工具箱提供 imnoise 函数，可以用该函数给图像添加五个不同种类的噪声。表 2－1 列出了 imnoise 函数能够产生的五种噪声及对应参数。

具体的应用为：先将图像读出来，再给图像添加噪声。

I＝imread（'filename. TIF'）

J＝imnoise（I，'type'，parameters）

其中，filename 为图像名称，且一般为灰度图像，参数 type 指定滤波器的种类，parameters 是与滤波器种类有关的具体参数，详见表 2－1。

表 2－1　imnoise 函数支持的噪声种类及其参数说明

type	parameters	说　　明
gaussian	m，v	均值为 m，方差为 v 的高斯噪声
salt&pepper	无	椒盐噪声
possion	无	泊松噪声
localvar	v	均值为 0，方差为 v 的高斯白噪声
speckle	v	均值为 0，方差为 v 的均匀分布随机噪声

2.5.3　去噪模型

如果一个信号 $f(n)$ 被噪声污染后为 $s(n)$，那么基本的噪声模型为：

$$s(n) = f(n) + e(n)\sigma \tag{2－44}$$

其中 $e(n)$ 为噪声，σ 为噪声强度。在最简单的情况下可以假设 $e(n)$ 为高斯白噪声，且 $\sigma = 1$。

小波变换的目的就是要抑制 $e(n)$ 以恢复 $f(n)$，即尽量将 $e(n)$ 去掉，并且尽量减少 $f(n)$ 的损失。与在经典去噪技术相比，小波分析在这方面有其优越性。尤其是 $f(n)$ 的分解系数比较稀松（即非零项很少）的情况下，这种方法的效率很高。这种可以分解为稀松小波函数的一个简单的例子，就是有少数间断点的光滑函数。

2.5.4　去噪步骤

MATLAB 中用于小波变换的函数为 ［C，L］＝wavedec（X，N，

'wname'），用名称为 wname 的小波函数完成对信号 X 的一维多尺度系数组成。这个函数返回一个分解向量 C 和程度向量 L。

2.5.4.1 一维信号去噪

一般来说，一维信号的去噪处理可以分三步。

一是 A＝appcoef（C，L，'wname'，N）。用于从小波分解结构［C，L］中提取一维信号在第 N 层上的低频系数。

二是 D＝detcoef（C，L，N）。用于从小波分解结构［C，L］中提取一维信号在第 N 层上的高频系数小波，即分解高频系数的阈值量化。

三是 X＝waverec（C，L，N）。根据系数向量重构信号 X。

其中，最重要的一步是如何选取阈值和进行阈值量化处理的方式，它直接关系到信号去噪处理的质量。小波分析工具箱中用于信号去噪处理的函数如表 2－2 所示。

表 2－2　用于信号去噪处理的 MATLAB 函数

函数名	函数功能
Ddencmp	自动生成小波去噪或压缩处理的阈值处理方案
Thselect	选取用于小波去噪处理的阈值
Wden	一维信号的去噪处理
Wpdencmp	一维信号的小波去噪或去噪处理
Wnoise	产生用于测试的有噪信号
Wthcofe	对一维小波分解结构的阈值处理
Wthresh	软阈值或硬阈值处理

下面，对表 2－2 中部分函数进行说明。

1. Ddencmp 函数

调用方式：［thr，sorh，keepapp，crit］＝ddencmp（in1，in2，x）

●输入参数 x 为一维或二维的信号向量或矩阵；

●in1 为指定处理的目的是去噪还是压缩方式，in1＝den 为信号去噪；

●in2 为指定处理方式，in2＝wv，为使用小波分解，in2＝wp 为使用小波包分解；

●thr 为函数选择的阈值；

●输出参数 sorh 为函数选择的阈值使用方式，sorh＝s 为软阈值，sorh＝h 为硬阈值；

●输出参数 keepapp 决定了是否对近似分量进行阈值处理，可选为 1 或 0；

●输出参数 crit 为使用小波包进行分解时选取的熵函数类型。

2. Thselect 函数

thr＝thselect（x，tptr）根据信号 x 和阈值选取标准 tptr 来确定一个去噪处理过程中所采用的自适应的阈值。

●tptr＝rigrsure，使用 Stein 的无偏似然估计原理所得到自适应阈值；

●tptr＝heursure，启发式阈值选择，为最优预测变量阈值选择；

●tptr＝sqtwolog，固定阈值；

●tptr＝minimaxi，采用极大极小值原理选择阈值。

3. Wden 函数

当 ［xd，cxd，lxd］＝wden（x，tptr，sorh，scal，n，'wname'）时，返回信号经过小波去噪处理后的信号 xd，及小波分解结构 ［cxd，lxd］。

当 ［xd，cxd，lxd］＝wden（c，l，tptr，sorh，scal，n，'wname'）时，由有噪信号的小波分解结构得到去噪处理后的信号 xd，及其小波分解结构 ［cxd，lxd］。

●输入参数 tptr 为阈值选择标准；

●输入参数 sorh 为函数选择的阈值使用方式，即 sorh＝s 为软阈值，sorh＝h 为硬阈值；

●输入参数 scal 规定了阈值处理随噪声水平的变化；

● scal＝one，不随噪声水平变化；

● scal＝sln，根据第一层小波分解的噪声水平估计进行调整；

● scal＝mln，根据每一层小波分解的噪声水平估计进行调整。

4. Wpdencmp 函数

［xd，cxd，lxd，perf0，perfl2］＝wdencmp（'lvd'，c，l，'wname'，n，thr，sorh）；返回信号经过小波去噪处理后的信号 xd，及其小波分解结构［cxd，lxd］。对于二维情况和有输入参数 lxd 时，thr 必须为一个 $\mod(v_y, 2) = 0$ 的矩阵，它含有水平、斜向和垂直三个方向的独立阈值。

● perf0 和 perfl2 是恢复和压缩范数百分比；

● n 为小波分解的层数；

● wname 为正交小波基函数。

2.5.4.2 二维信号去噪

图像信号都是二维的，因此二维信号的去噪是非常重要的。二维信号去噪的命令和一维信号的命令很相似，提供的功能也一样，只是多了后缀“2”。这个过程如下：

● wavedec2，用于二维信号的多层分解；

● detcoef2，求得某一层次的细节系数；

● appcoef2，求得某一层次的近似系数；

● waverec2，多层小波重建原始信号，要求输入参数同小波分解得到的结果的格式一致；

● wrcoef2，重建小波系数至某一层次，要求输入参数同小波分解得到的结果的格式一致。

表 2-3　二维小波去噪命令和调用方式

命令	调用形式	参数含义
wavedec2	[c, l] = wavedec2 (X, n, 'wname')	使用小波 'wname' 对信号 X 进行多层分解
detcoef2	(1) D = detcoef2 (o, c, l, n) (2) [h, v, d] = detcoef2 ('all', c, l, n)	(1) 从分解系数 [c, l] 中提取第 n 层近似系数,其中 o = h, v, d, 'compact'(提取所有细节系数并按行连续存放) (2) 从分解系数 [c, l] 中提取第 n 层的所有近似系数,并分别存放
appcoef2	(1) X = appcoef2 (c, l, 'wname', n) (2) X = appcoef2 (c, l, 'wname')	(1) 用小波 'wname' 从分解系数 [c, l] 中提取第 n 层近似系数 (2) 用小波 'wname' 从分解系数 [c, l] 中提取最后一层近似系数
waverec2	X = waverec2 (c, l, 'wname')	利用小波 'wname' 把各个层次的近似系数和细节系数重建为原始信号
wrcoef2	(1) X = wrcoef2 ('type', c, l, 'wname', n) (2) X = wrcoef2 ('type', c, l, 'wname')	(1) 用小波 'wname' 通过分解系数 [c, l] 重构指定的系数,'type' 为 a, h, v, d, n 为返回结果所在的层数 (2) 用小波 'wname' 通过分解系数 [c, l] 重建到最高层

2.5.5　二维小波去噪

带噪声信号经过预处理,然后利用小波变换把信号分解到各尺度中,在每一尺度下把属于噪声的小波系数去掉,保留并增强属于信号的小波系数,最后再经过小波逆变换回复检测信号。

　　小波变换在去除噪声时可提取并保存对视觉起主要作用的边缘信息，而传统的基于傅里叶变换去除噪声的方法在去除噪声和边沿保持上存在着矛盾，因为傅里叶变换方法在时域上不能局部化，难以检测到局域突变信号，在去除噪声的同时，也损失了图像边沿信息。由此可知，与傅里叶变换去除噪声的方法相比较，小波变换法去除噪声具有明显的性能优势。具体去噪步骤如下。

　　第一步：二维信号的小波分解。选择一个小波和小波分解的层次 N，然后计算信号 s 到第 N 层的分解。

　　第二步：对高频系数进行阈值量化。对于从 1～N 的每一层，选择一个阈值，并对这一层的高频系数进行软阈值量化处理。

　　第三步：二维小波重构。根据小波分解的第 N 层的低频系数和经过修改的从第一层到第 N 的各层高频系数，计算二维信号的小波重构实验结果。

图 2.12　灰度图像　　　　图 2.13　添加椒盐噪声后　　　　图 2.14　去噪后

2.5.6　小波相位去噪算法

2.5.6.1　算法原理

　　在小波相位去噪算法中，定义"点系数相位"和"窗系数相位"分别为式（2—44）和式（2—45）所示。

$$\theta^j_{m,\,n} = \text{atetan}\, \frac{V^j_{m,\,n}}{H^j_{m,\,n}} \tag{2—44}$$

$$\overline{\theta^j_{m,\,n}} = \text{atetan}\, \frac{\sum\limits_{i=-w}^{w}\sum\limits_{k=-w}^{w}V'_{m+i,\,n+k}}{\sum\limits_{i=-w}^{w}\sum\limits_{k=-w}^{w}H'_{m+i,\,n+k}} \tag{2—45}$$

其中，m、n 表示坐标，j 表示分解层。

算法的思想是由于图像的真正边缘（高频部分，V 和 H）在小波变换分解层内有一定的空间连续性，因此经过小波分解后每一位置的幅值与相位，都与其周围一个邻域的平均值有较大的相关性，而噪声没有这种特性；同时在相邻层间图像的真正边缘则有传递（相关）性，而噪声在相邻层间仍保持了随机性，没有传递性。

设定一个窗口 W，对每一个点的"点系数相位"和"窗系数相位"求相位差。该相位差被定义为小波变换相位。将小波变换相位与相位差做比较。在每次分解后的同一分解层上，小波变换相位不大。如果相位过大，则说明可能是由噪声引起的相位突变，重构时丢弃该点系数；同样在分解层检查相位差传递性，如果相邻分解层内相位差过大，则认为是噪声，该点系数也不参与重构。最后，把处理后的小波系数进行重构，便可得到去噪结果图像。

2.5.6.2　去噪步骤

第一步：对含噪图像进行小波变换，变换后的小波系数仍然是由图像和噪声两部分对应。由于图像对应的小波系数在各尺度间有一定的相关性，但噪声所对应的小波系数却是随机分布的。因此，根据小波系数在各尺度间的联系，对图像和噪声所对应的系数加以区别：图像对应的相位值在相邻尺度间具有很强的相关性，上一尺度的相位信息较完整地传递给下一尺度，而噪声不存在这样的性能。因此，把相邻两相位进行比较，就可以滤掉由噪声所对应的小波系数。

第二步：由于图像的边缘具有一定的连续性，它经过小波分解后每一个位置的幅值和相位都和它周围的一个邻域的平均值有较大的相关性，选择一窗宽，在此窗内比较相位值，也可滤掉对应的小波系数。

第三步：再进行小波逆变换，可得到去噪后的图像。

2.5.6.3　实验结果

 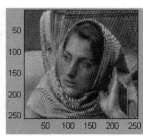 

图2.15　原图像　　　　图2.16　添加高斯噪声　　　　图2.17　去噪后

参考文献

[1] 徐飞，施晓红. MATLAB 应用图像处理 [M]. 西安：西安电子科技大学出版社，2002.

[2] 宁媛，李皖. 图像去噪的几种方法分析比较 [J]. 贵州工业大学学报，2005，34（04）：62—66.

[3] 阮秋琦. 数字信号处理学（第二版）[M]. 北京：电子工业出版社，2007

[4] 王跃科，林嘉宇. 混沌信号处理 [J]. 国防科技大学学报，2000，22（05）：73—77.

[5] Vidakovic B, Lozoya C B. On time-dependent wavelet denoising

［J］. Singnal Proessing，1998，46（09）：2549－2551.

[6] 余英林，谢胜利，蔡汉添. 信号处理新方法导论 ［M］. 北京：清华大学出版社，2004.

[7] 陈汉友. MATLAB 在数字信号处理中应用 ［J］. 电脑与现代化，2004，1：103－105.

[8] 薛年喜. MATLAB 在数字信号处理中的应用 ［M］. 西安：西安电子科技大学出版社，2002.

[9] 董长虹. Matlab 小波分析工具箱原理与应用 ［M］. 北京：国防工业出版社，2004.

[10] 林椹尠，宋国乡，薛文. 图像的几种小波去噪方法的比较与改良 ［J］. 西安电子科技大学学报，2004，31（04）：627－628.

[11] Mallat S，Hwang W L. Singularity Detection and Processing with Wavelets ［J］. IEEE Trans on IT，1992，81（2）：612－643.

[12] 张弼弛，何小海. 一种图像去噪的小波相位滤波改良算法 ［J］. 现代电子技术，2006，13：140－142.

[13] 梁冰. MATLAB 二维小波图像去噪 ［J］. 山西师范大学学报，2002，16（1）：5－8.

[14] 陈杨，陈荣娟，郭颖辉. 图形编程与图像处理 ［M］. 西安：西安电子科技大学出版社，2002.

3　图像检测技术及应用

　　图像检测技术是一种计算机视觉的应用技术，旨在识别和定位图像中特定对象或目标的方法。它主要通过使用深度学习模型，如卷积神经网络（CNN）来进行实现。图像检测技术可以用于各种应用，包括人脸识别、物体识别、车辆识别、动作识别等。它在自动驾驶、视频监控、医学影像分析、智能家居等领域具有广泛应用。

3.1　图像检测过程

　　目标检测是计算机视觉中的一项重要任务，它的核心是从图像或视频中检测出不同物体的位置和类别。目标检测的基本步骤主要包括以下几个方面。

3.1.1　图像预处理

　　在进行目标检测之前，需要对图像进行预处理，以便更好地提取目标信息。例如，可以进行图像增强、缩放、旋转、裁剪等操作，以适应不同的检测模型和场景需求。

3.1.2　特征提取

目标检测的关键是对图像中的目标进行准确的特征提取。这可以通过使用卷积神经网络（CNN）等深度学习模型来实现。CNN 可以自动学习目标的特征表示，以便对目标进行准确的分类和定位。

3.1.3　目标定位

目标定位是目标检测的关键步骤之一，它的目的是确定图像中目标的位置。这可以通过使用区域提议算法（RPN）来实现。RPN 可以生成各种大小、比例和位置的候选目标框，然后使用分类模型来确定每个框中是否包含目标。

3.1.4　目标分类

目标分类是指对检测出的目标进行分类，以确定它们属于哪个类别。这可以通过使用各种分类算法来实现，如支持向量机（SVM）、K 最近邻（KNN）和决策树等。

3.1.5　目标跟踪

目标跟踪是指在图像序列中跟踪目标的位置。它可以使用各种算法来实现，如卡尔曼滤波、粒子滤波等。这可以用于在视频中跟踪目标的位置和运动。

总的来说，目标检测是一个非常复杂的问题，需要考虑多种因素和算法。通过不断优化各个步骤，可以提高目标检测的准确性和效率，为视觉应用提供更好的服务和支持。

3.2　图像检测的深度学习网络模型

常见的深度学习网络模型包括卷积神经网络、递归神经网络和生成对抗网络等。在图像识别技术中，卷积神经网络（CNN）的应用最广泛。

如图 3.1 所示，CNN 网络模型是一种用来处理具有网络结构数据的神经网络，它具有多层次结构，包括卷积层、池化层和全连接层。首先将预处理后的图片输入到 CNN 网络后，经过多个卷积池化操作，提取图片的特征，最后将图片特征送入全连接网络完成图像的分类识别。

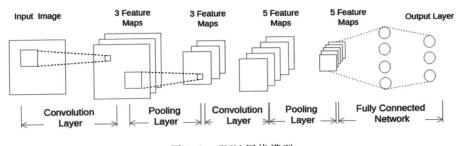

图 3.1　CNN 网络模型

3.2.1　卷积层

卷积层的主要作用是生成图像的特征数据，它的操作主要包括窗口滑动和局部关联两个方面。窗口滑动即通过卷积核在图像中滑动，与图像局部数据卷积，生成特征图；局部关联即每一个神经元只对周围局部感知，综合局部的特征信息得到全局特征。卷积操作后，需要使用 RELU 等激励函数对卷积结果进行非线性映射，保证网络模型的非线性。

3.2.2　池化层

池化层是对特征数据进行聚合统计，降低特征映射的维度，减少出现过拟合。池化的方法有最大池化和均值池化两种，根据检测目标的内容选择池化方法。最大池化的主要作用是对图片的纹理特征进行保留提取，而均值池化主要是对图片的背景特征进行提取。为了使学习到的数据特征更加全局化，数据会经过多层卷积池化操作，再输入到全连接层。

3.2.3　全连接层

全连接层会将池化后的多组数据特征组合成一组信号数据输出，进行图片类别识别。

3.3　基于深度学习的图像检测算法

3.3.1　R-CNN 算法（Region-Convolutional Neural Network）

2014 年，Girshick 等人提出 R-CNN 算法，该算法在 CNN 网络的基础上增加了选择性搜索操作来确定候选区域。算法首先对输入图片进行候选区域划分后，再通过 CNN 网络模型提取候选区域特征，进行分类识别．选择性搜索方法是通过比较子区域之间的相似性并不断进行合并，得到候选区域。这种方法与滑窗法相比大大提高了搜索效率。

　　CNN 采用 selective search＋CNN＋SVMs 技术实现图像的检测。其实现步骤主要包括 4 个，如图 3.2 所示。

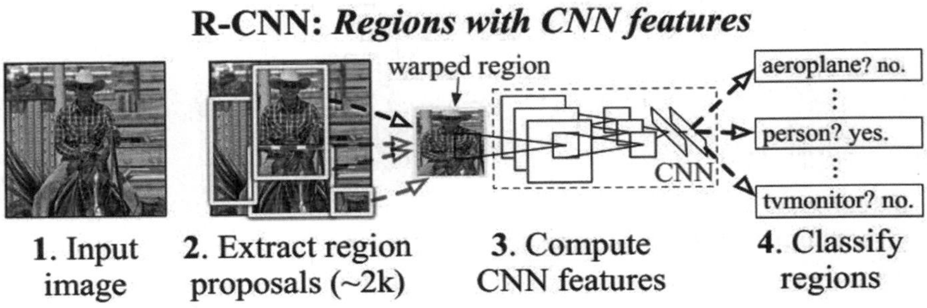

图 3.2　R-CNN 图像检测流程图

3.3.1.1　候选框提取（selective search）

　　训练：给定一张图片，利用 selective search 方法从中提取出 2000 个候选框。由于候选框大小不一，考虑到后续 CNN 要求输入的图片大小统一，将 2000 个候选框全部 resize 到 227×227 分辨率（为了避免图像扭曲严重，中间可以采取一些技巧减少图像扭曲）。

　　测试：给定一张图片，利用 selective search 方法从中提取出 2000 个候选框。由于候选框大小不一，考虑到后续 CNN 要求输入的图片大小统一，将 2000 个候选框全部 resize 到 227×227 分辨率（为了避免图像扭曲严重，中间可以采取一些技巧减少图像扭曲）。

3.3.1.2　特征提取（CNN）

　　训练：提取特征的 CNN 模型需要通过预先训练得到。训练 CNN 模型时，对训练数据标定要求比较宽松，即 SS 方法提取的 proposal 只包含部分目标区域时，也可将该 proposal 标定为特定物体类别。这样做的主要原因在于 CNN 训练需要大规模的数据，如果标定要求极其严格（即只有完全包含目标区域且不属于目标的区域不能超过一个小的阈值），那么用于 CNN 训练的样本数量会很少。因此，宽松标定条件下训练得到的 CNN 模型只能用于特征提取。

测试：得到统一分辨率 227×227 的 proposal 后，带入训练得到的 CNN 模型，最后一个全连接层的输出结果——4096×1 维度向量即用于最终测试的特征。

3.3.1.3　分类器 （SVMs）

训练：对于所有 proposal 进行严格的标定（可以这样理解，当且仅当一个候选框完全包含 ground truth 区域且不属于 ground truth 部分不超过 e. g，候选框区域的 5％时认为该候选框标定结果为目标，否则为背景），然后将所有 proposal 经过 CNN 处理得到的特征和 SVM 新标定结果输入到 SVMs 分类器进行训练得到分类器预测模型。

测试：对于一幅测试图像，提取得到的 2000 个 proposal 经过 CNN 特征提取后输入到 SVM 分类器预测模型中，可以给出特定类别评分结果。

结果生成：得到 SVMs 对于所有 Proposal 的评分结果，将一些分数较低的 proposal 去掉后，剩下的 proposal 中会出现候选框相交的情况。采用非极大值抑制技术，对于相交的两个框或若干个框，找到最能代表最终检测结果的候选框。

R-CNN 算法的结构主要包括：（1）候选区域：主要是从输入图片中提取可能出现物体的区域框，并对区域框归一化为固定大小，作为 CNN 网络模型的输入。（2）特征提取：将归一化后的候选区域输入到 CNN 网络模型，得到固定维度的特征输出，获取输入图片特征。（3）分类和回归：特征分类即通过图像特征进行分类，通常使用 SVM 分类器；边界回归即将目标区域精确化，可以使用线性回归方法。

CNN 网络存在一定的局限性，它需要在进行区域选择后将选到的区域归一化为统一的尺寸送入 CNN 网络中，可能导致丢失图片信息。

3.3.2 SPP-Net 算法

SPP-net（spatial pyramid pooling network）是一种用于目标检测的深度学习算法，特别适用于处理具有不同尺寸的输入图像。它是在经典的卷积神经网络（CNN）架构基础上进行改进的。传统的 CNN 在处理图像时通常需要固定大小的输入，这限制了其在不同尺寸的图像上的应用。而 SPP-Net 通过引入空间金字塔池化层（spatial pyramid pooling layer）解决了这个问题。空间金字塔池化层是 SPP-Net 中的核心部分。该层可以自适应地对输入图像进行分割，并针对每个分割区域进行池化操作，提取区域的特征。通过引入不同尺度的池化窗口，SPP-Net 可以在不同尺寸的图像上进行处理，并得到固定维度的特征表达。

T-CNN 和 SPP-Net 流程对比如下图 3.3 所示。

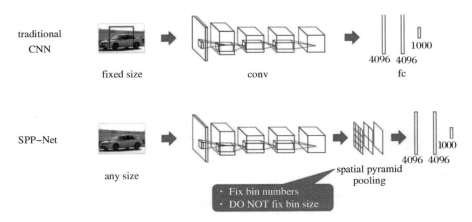

图 3.3 T-CNN 和 SPP-Net 的流程

SPP-Net 具有以下特点。

一是传统 CNN 网络中，卷积层对输入图像大小不作特别要求，但全连接层要求输入图像具有统一尺寸大小。因此，在 R-CNN 中，对于 selective search 方法提出的不同大小的 proposal 需要先通过 Crop 操作或 Wrap 操作将 proposal 区域裁剪为统一大小，然后用 CNN 提取 proposal 特征。相比之下，SPP-Net 在最后一个卷积层与其后的全连接层之间添加了一个 SPP（Spatial Ppyramid Pooling）layer，从而避免对 propsal 进行 Crop 或 Warp 操作。总而言之，SPP-layer 适用于不同尺寸的输入图像，通过 SPP-layer 对最后一个卷积层特征进行 pool 操作并产生固定大小 feature map，进而匹配后续的全连接层。

二是由于 SPP-net 支持不同尺寸输入图像，因此 SPP-Net 提取得到的图像特征具有更好的尺度不变性，降低了训练过程中的过拟合可能性。

三是 R-CNN 在训练和测试时，需要对每一个图像中每一个 proposal 进行一遍 CNN 前向特征提取，如果是 2000 个 proposal，则需要 2000 次前向 CNN 特征提取。但 SPP-Net 只需要进行一次前向 CNN 特征提取，即对整图进行 CNN 特征提取，得到最后一个卷积层的 feature map，然后采用 SPP-layer 根据空间对应关系得到相应 proposal 的特征。SPP-Net 速度可以比 R-CNN 速度快 24～102 倍，且准确率比 R-CNN 更高。

3.3.3　Yolo 算法

Yolo 算法采用一个单独的 CNN 模型实现 end-to-end 的目标检测，整个系统如图 3.4 所示：首先将输入图片 resize 到 448×448，然后送入 CNN 网络，最后处理网络预测结果得到检测的目标。相比 R-CNN 算法，其是一个统一的框架，不仅速度更快，而且 Yolo 的训练过程也是 end-to-end 的。

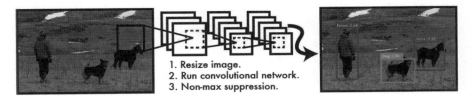

图 3.4　Yolo 检测系统

　　具体来说，Yolo 的 CNN 网络将输入的图片分割成 S×S 网格，每个单元格负责去检测那些中心点落在该格子内的目标。如图 3.5 所示，可以看到狗这个目标的中心落在左下角一个单元格内，那么该单元格负责预测这个狗。每个单元格会预测 9 个边界框（bounding box）及边界框的置信度（confidence score）。所谓置信度其实包含两个方面，一是这个边界框含有目标的可能性大小，二是这个边界框的准确度。前者记为 Pr（object），当该边界框是背景时（即不包含目标），此时 Pr（object）＝0；当该边界框包含目标时，Pr（object）＝1。边界框的准确度可以用预测框与实际框（ground truth）的 IOU（Intersection Over Union，交并比）。

图 3.5　Yolo 网格划分

记为 IOU_{pred}^{truth} 。因此，置信度可以定义为 $Pr(object) * {}_{pred}^{truth}$ 。很多人可能将 Yolo 的置信度看成边界框是否含有目标的概率，但其实它是两个因子的乘积，预测框的准确度也反映在里面。边界框的大小与位置可以用 4 个值来表征：（x，y，w，h），其中（x，y）是边界框的中心坐标，而 w 和 h 是边界框的宽与高。还有一点要注意，中心坐标的预测值（x，y）是相对于每个单元格左上角坐标点的偏移值，并且单位是相对于单元格大小的，而边界框的 w 和 h 预测值是相对于整个图片的宽与高的比例，理论上 4 个元素的大小应该在 [0，1] 范围。因此，每个边界框的预测值实际上包含 5 个元素：（x，y，w，h，c），其中前 4 个表征边界框的大小与位置，而最后一个值表征置信度。

　　Yolo 采用卷积网络来提取特征，然后使用全连接层来得到预测值。网络结构参考 GooLeNet 模型，包含 24 个卷积层和 2 个全连接层，如图 3.6 所示。对于卷积层，主要使用 1×1 卷积来做 channel reduction，然后紧跟 3×3 卷积。对于卷积层和全连接层，采用 Leaky ReLU 激活函数 max（x，0.1x），但是最后一层却采用线性激活函数。除了这个结构，还有一个轻量级版本 Fast Yolo，其仅使用 9 个卷积层且卷积层中使用更少的卷积核。

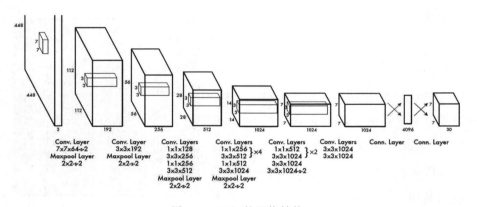

图 3.6　Yolo 的网络结构

　　从图 3.6 可以看到网络的最后输出为 7×7×30 大小的张量，这和前面的讨论结果是一致的。这个张量所代表的具体含义如图 3.7 所示。对于每一个单元格，前 20 个元素是类别概率值，而后 2 个元素是边界框置信度，两者相乘可以得到类别置信度，8 个元素是边界框的（x，y，w，h）。这里可能存在疑问：对于边界框，为什么把置信度 c 和（x，y，w，h）分开排列，而不是按照（x，y，w，h，c）这样排列？其实这纯粹是为了计算方便，因为实际上这 30 个元素都对应一个单元格，其排列是可以任意的，而分离排布，可以方便地提取每一个部分。这里来解释一下：

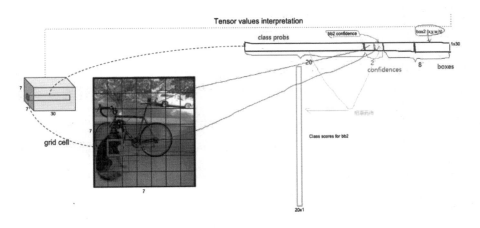

图 3.7　预测张量的解析

首先，网络的预测值是一个二维张量 P，其 shape 为［batch，7×7×30］；其次，采用切片方法，那么 P［:，0：7×7×20］就是类别概率部分，而 P［:，7×7×20：7×7×（20＋2）］是置信度部分；最后，剩余部分 P［:，7×7×（20＋2）:］是边界框的预测结果。按照上述步骤提取每个部分是非常方便的，这有利于后面的训练及预测时的计算。

3.4　基于多任务卷积神经网络的停车场停车直线提取

近年来，私家车数量飞速增加，交通违法问题层出不穷，压线停车是其中一种典型的违法行为，停车场停车位已无法满足车辆停放需求（Zhu et al. 2018），部分车辆压线停车严重影响其他车辆停放。车辆随意停放造成相关路段车辆无法正常通行，使道路交通环境拥堵，严重影响城市交通文明建设，因此，停车场车辆压线违章停车是目前亟待解决的重要问题。随着计算机技术的不断发展，出现了智能交通系统。智能交通系统是一种利用图像视觉技术、电子控制技术等应用于道路监控中的重要系统。其摄像机分辨率与摄像精度逐渐提高，有效提升智能交通系统服务性能。将图像视觉技术应用于车辆违章停车行为监控中，可有效节省人力资源以及物力资源，辅助交警维持交通秩序。交通智能系统通过视频流中车辆位置以及视频图像特征检测以及识别道路车辆，全面监控车辆违章停车。识别停车场车辆压线是智能交通系统中重要组成部分，通过智能交通系统识别停车场车辆压线问题可有效体现人工智能技术（Qiu et al. 2018）。其利用机器捕捉车辆画面，通过高效识别方法确定车辆位置，精准识别车辆是否具有压线行为。但由于停车环境的不断变化，现有车辆压线识别系统无法准确识别出车辆压线状态，为此，该领域相关研究者对其进行了大量的研究。

参考文献［4］提出基于改进卷积神经网络的车辆停车压线检测方法。该方法首先阐述了卷积神经网络结构的工作原理，并进一步分析了Faster R-CNN 模型在检测车辆压线的作用；针对远距离以及不同尺寸的图像构建 Faster R-CNN 模型，将其特征进行融合。该方法有效提升了车辆压线检测的准确度，但该方法在进行特征提取以及融合时所耗费的时间较长，不利于普遍应用。参考文献［5］提出基于图像纹理分析的动态车辆识别方法。该方法通过最大类间方差方法提取图像相邻帧的阈值，依据车辆压线图像确认压线范围；根据提供的视频信息检测车辆停车轨迹进而获取压线图像信息，以实现车辆停车压线检测。该方法识别的压线图像较为清晰，但该方法需要大量的辅助工作，易受到外界因素影响，抗干扰能力欠佳。

基于变换步长的车辆压线声信号包络提取算法。该方法首先分析了车辆越过减速带时的声音信号，在算法中加入不同步长遍历信号，绘制获取到的信号波形，对车辆停车压线特征进行有效提取。该方法在同样环境下提取的包络线特征更好，但要在特定环境下实现，存在一定局限性。

为了改善上述问题，提高车辆压线的识别精度，作者提出基于多任务卷积神经网络的停车场车辆压线多属性识别方法。作者引入多任务卷积神经网络方法，利用多任务卷积神经网络底层隐含层互相帮助，将停车场压线多种属性同时识别，完成停车场车辆压线多属性识别。与传统方法相比，所提方法能够有效识别车辆压线，具有较高识别性能。该方法的技术路线为以下步骤：

第一，分析多任务卷积神经网络原理，将多任务设置在卷积层和下采样层中，在此基础上，通过霍夫变换方法提取停车场停车直线；

第二，利用停车场车辆压线多属性分类卷积神经网络，构建设置停车场车辆压线多属性标签结构体输入层，将停车场车辆压线多属性设置为偏移程度以及车轮位置两种属性上；

第三，在此基础上，通过度量学习训练的卷积神经网络，获取最终停车场车辆压线多属性学习结果，实现停车场车辆压线多属性识别；

第四，实验分析。

3.4.1 基于多任务卷积神经网络停车直线提取

3.4.1.1 多任务卷积神经网络原理

多任务卷积神经网络可将原始图像直接输入，是图像模式识别领域中较为高效的一种方法。多任务卷积神经网络利用权值共享、局域感受野和池化令图像扭曲、缩放以及位移均无改变（Yamashita et al. 2019），可有效应用于环境较为复杂的停车场车位压线识别系统中。多任务卷积神经网络主要包括输入层、卷积层和下采样层，通过多层监督学习网络实现目标识别。其中，在本书对车辆压线多属性识别主要应用卷积层与下采样层。

1. 卷积层

多任务卷积神经网络卷积层特征神经元与其他层局部感受野连接，并进行卷积操作，利用卷积操作，实现图像内局部特征提取，卷积神经网络中卷积层公式为：

$$x_j^l = f\left(\sum_{i \in M_j} x_i^{l-1} \times k_{ij}^l + b_j^l\right) \tag{3-1}$$

公式（3-1）中，l 与 k 分别表示层数以及卷积核；M_j 与 b 分别表示输入层的感受野和各输出层的偏置，卷积神经网络中卷积层的上层可为卷积层、下采样层形成特征图以及初始图像（Ma et al. 2017）。将局部感受野与卷积核点相乘、求和，再将其加入偏置，实现卷积层计算。卷积层卷积核内部参数为可训练，卷积层实施卷积操作偏置初始值设置为 0。

2. 下采样层

卷积神经网络利用下采样层获取图像不同区域特征值时，需统计并分析该区域特征，并通过新特征体现该区域总体特征（Yong et al. 2017）。所分析区域即为卷积神经网络池化域，统计和分析该区域的过程即为卷积神经网络池化过程。

输入的图像通过卷积神经网络池化操作后，假设特征图数量未改变，设池化尺寸为 n，经过池化操作后特征图边长转化为 1/n。卷积神经网络下采样层公式为：

$$x_j^l = f[\beta_j^l \text{down}(x_j^{l-1} + b_j^l)] \tag{3-2}$$

列式中，down（）与 β 分别表示池化函数和权重系数。

最大值池化以及平均值池化是较为常见的两种池化。下采样特征图特征值选取池化区域内全部值相加平均值的过程即为平均值池化（Kun et al. 2018）；下采样特征图特征值选取池化域内最大值的过程即为最大值池化。将偏置 b 加入，通过以上池化过程，重复以上过程直至全部图像遍历完成，获取最终下采样特征图。将多任务卷积神经网络的卷积层和下采样层应用到车辆压线多属性识别中，首先需要对停车场停车直线进行提取。

3.4.1.2　停车场停车直线提取

将采集的原始停车压线图像通过图噪声处理，提高图像质量；通过灰度及二值化处理图像，改善多任务卷积神经网络中图像处理区域可视化效果；通过图像预处理提升停车场车辆压线多属性识别精度。判断停车场车辆是否压线，实际应用中需要首先明确停车场内停车白线具体位置。本书采用霍夫变换方法提取图像中直线（Mcfarlane et al. 2017），利用图像信息自动获取图像中直线位置。

监控视频所采集的图像存在全局特征，通过图像全局特征检测图像中白线目标轮廓，并对所采集图像内变换像素采取连接处理。选取霍夫变换获取图像内边界曲线，将图像内边界像素内不连续点连接即可获取停车白色直线（Jin et al. 2019）。霍夫变换是通过点、线对偶性实现目标转换的有效方法。

将原始图像的图像空间通过霍夫变换转移至参数空间。设 XY 为原始图像空间，可得经过（x，y）点的直线需符合以下方程：

$$y = px + q \qquad (3-3)$$

式（3—3）中，p 与 q 分别表示斜率以及截距。设 x、y 均为参数，可将公式（3—3）转换至参数空间 PQ 内经历（p，q）点的直线。在图像空间 XY 内可获取参数空间内全部直线，即直线（x_i，y_i）与（x_j，y_j）内全部点均可通过图像空间 XY 获取。

根据坐标空间中的映射关系，提取停车场停车直线，即：

$$\varphi = x\cos\vartheta + y\sin\vartheta, \ 0 \leqslant \vartheta \leqslant \pi \qquad (3-4)$$

式（3—4）中，φ 代表车位直线到原点间的距离，ϑ 代表停车场停车

直线的发现与 x 轴的夹角。

霍夫变换提取停车场停车直线流程如图 3.8 所示。

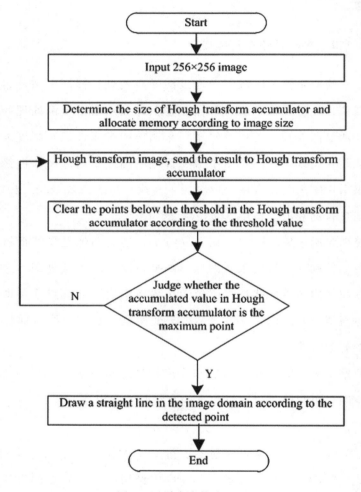

图 3.8　霍夫变换流程图

通过停车压线图像空间内相同直线上的点，可获取参数空间内全部相交直线（Aghajani et al. 2017），即已知停车压线图像空间内边缘点时，通过霍夫变换连接边缘点，提取停车直线。在获取停车直线后，需要对停车压线的多属性进行划分和识别。

3.4.2　停车场车辆压线多属性识别

3.4.2.1　多任务卷积神经网络的多属性分类

借助多任务卷积神经网络的卷积层和下采样层完成训练的卷积神经网络，实现停车场车辆压线多属性识别。传统的学习算法通过单任务学习模式实现卷积神经网络学习，当输入目标需通过复杂学习任务实现时，可将复杂任务分解为多个任务，分别训练多个任务，最终实现多任务共享。所获取多任务共享抽象能力较强，可适用于主任务为多任务情况，具有较高的泛化能力（Chen et al. 2017）。当多任务卷积神经网络训练样本较少时，采用多任务学习方法具有较高的泛化能力。多任务学习方法可通过少量数据实现高效识别目的，仅通过较短训练时间即可实现高效识别。

停车场车辆压线同时存在多种语义属性，通过偏移程度可将停车场车辆压线描述为少量偏移、严重偏移；依据车轮位置可将停车场车辆压线描述为线内或线外。以上属性可精准体现车辆是否存在压线现象（Martin-Nieto et al. 2019）。利用多属性可通过不同层次不同角度描述停车场车辆压线情况。在不增加样本特征情况下获取不同属性的识别结果，更加直观精准体现停车场车辆压线情况。通过多任务卷积神经网络，提升卷积神经网络学习共享特征。多任务卷积神经网络中的每个任务均具有相应目标（Liu & Lau 2019），将全部任务学习准确率作为卷积神经网络最终实现目标。本书学习任务是停车场车辆压线多属性识别，实现最大化多属性学习准确率。停车场车辆压线多属性分类卷积神经网络如图3.9所示。

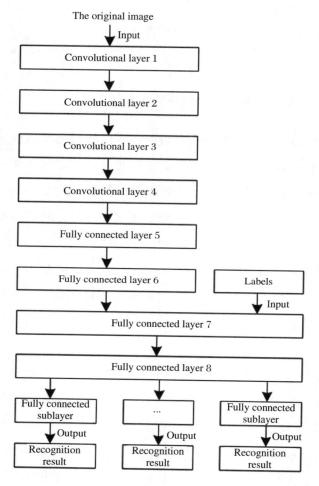

图 3.9　停车场车辆压线多属性分类卷积神经网络

　　设计的多任务卷积神经网络结构上部分，将大小为 256×256 的原始图像输入卷积神经网络中，将输入图像子块大小为 227×227 提取后设置为神经网络输入，网络层将 3 个池化层以及卷积层交叉连接，选取最大值池化方式应用于池化层。第 4 个卷积层后连接第 5 层以及第 6 层两个全连接层而非池化层，通过 dropout 方法降低过拟合情况。

　　将多任务设置于卷积神经网络底层区域，通过第 8 层全连接层实现数据复制，第 8 层全连接层包括众多独立子层，不同子层与其相应属性分类器相连，全部全连接层子层与卷积神经网络第 7 层隐含层输出相连接。

卷积神经网络设置另一个停车场车辆压线多属性标签结构体输入层，该多属性标签结构体不与卷积神经网络卷积层以及池化层连接，通过切片操作将车辆标签描述划分至多个车辆属性标签，将全部属性标签切片通过第 8 层全连接层与全部全连接子层结合，以此对多任务卷积神经网络的多属性进行分类。在此基础上，需要获取不同停车场车辆压线属性损失函数，通过反向传播算法修正网络权值；通过度量学习方法利用停车场停车直线训练卷积神经网络，获取最终停车场车辆压线多属性学习结果。卷积神经网络隐含层仅作为监督条件，并未直接处理标签数据，因此网络数据量并未增加，再次添加多属性标签层时网络运算量仍未提升。将停车场车辆压线多属性设置为偏移程度及车轮位置两种属性，通过两种属性的标签数据识别图像。

3.4.2.2 基于度量学习的车辆压线属性识别

度量学习是利用样本特征向量距离作为学习对象的过程，也称为相似度学习。选取 Triplet Loss 作为度量学习的损失函数，度量学习利用样本训练与学习提升差异类型样本间距，降低同类型样本间距实现停车场车辆压线多属性识别。

设停车压线图像为 (I_i, I_i)，利用图像映射空间间距确定图像所属类别。将三元组结构 (I_i^a, I_i^p, I_i^n) 应用于 Triplet Loss 损失函数中，用 I_i^a 表示参考样本，I_i^p 与 I_i^n 分别表示与 I_i^a 相似的正样本以及与 I_i^a 及 I_i^p 均存在差异的负样本。用 $\Phi_w(I_i^a)$，$\Phi_w(I_i^p)$，$\Phi_w(I_i^n)$ 表示利用神经网络将三元组映射至特征空间，可得公式如下：

$$\| \Phi_w(I_i^a) - \Phi_w(I_i^p) \|_2^2 + \varphi_1 < \| \Phi_w(I_i^a) - \Phi_w(I_i^n) \|_2^2 \forall [\Phi_w(I_i^a),$$

$\Phi_w(I_i^n)] \in T$　　　　　　　　　　　　　　　　　　　　　　　　$(3-5)$

式（3-5）中，T 与 φ_1 分别表示全部三元组集合以及阈值参数，将其实施范数归一化处理可得公式为：

$$D\left[\Phi_w\left(I_i^a\right), \Phi_w\left(I_i^p\right)\right] = \|\Phi_w\left(I_i^a\right) - \Phi_w\left(I_i^p\right)\|_2^2 \quad (3-6)$$

式（3-6）中，I_i^a 以及 I_i^p 归一化距离用 $D\left[\Phi_w\left(I_i^a\right), \Phi_w\left(I_i^p\right)\right]$ 表示，可得损失函数 Triplet Loss 公式为：

$$L = \frac{1}{N}\sum_{i=1}^N \max[0, D(I_i^a, I_i^p) - D(I_i^a, I_i^p) + \varphi_1] \quad (3-7)$$

将网络权值利用反向传播算法更新实现卷积神经网络训练。Triplet Loss 损失函数可降低同类别间距同时提升差异类别间距，令卷积神经网络所提取特征更加精细，实现停车场车辆压线多属性准确识别。三元组提升输入令所提取特征更加精准，因此收敛速度较慢且容易出现过拟合现象。利用 Softmax Loss 与 Triplet Loss 损失函数相结合，避免训练过程中出现过拟合现象，将同一参数应用于三个网络通道中，通过归一化处理三个网络输出，将归一化结果发送至三元组损失层，利用公式（3-7）获取损失函数 $L_{triplet}$，将参考样本的隐含层输出发送至 softmax 的损失层获取损失函数 $L_{softmax}$，通过加权组合方式整合 $L_{triplet}$ 及 $L_{softmax}$，可得公式为：

$$L = \delta L_{softmax} + (1-\delta) L_{triplet} \quad (3-8)$$

利用公式（3-8）可提升损失函数 Triplet Loss 收敛速度，且避免训练过程的过拟合问题；利用参数 δ 可有效控制 Softmax Loss 函数及 Triplet Loss 函数的比重。$L_{softmax}$ 在参数 δ 值越大时所占比重越大，卷积神经网络收敛速度也越快，但三元损失函数效果较差（He et al. 2019）。选择合适的参数 δ 值对多任务卷积神经网络的停车场车辆压线多属性识别至关重要。

3.4.3 实验分析

3.4.3.1 实验环境

为检测所提方法识别停车场车辆压线有效性，进行仿真实验分析。实验在 MATLAB 平台上进行，实验操作系统为 Windows 10，其运行内存为 8GB，CPU 主频为 3.6GHz。选取某地某停车场监控视频作为实验对象，在不同环境下获取的监控视频图像作为训练样本。

3.4.3.2 实验参数

实验参数如表 3—1 所示。

表 3—1　实验参数表

参数	取值
训练图像样本/张	1548
光照环境下图像样本/张	1546
雨天环境下图像样本/张	1264
雪天环境下图像样本/张	1128
夜晚环境下图像样本/张	1254
识别间隔/s	10
学习速率初始值	0.01
权值衰减值	0.0003
迭代次数/次	500

从视频图像中选取 8 个测试样本集，测试样本中各包括正常、光照、雨天、雪天、夜晚五种环境，检测不同环境下采用本书方法识别停车场车辆压线有效性。样本集组成情况如表 3—2 所示。

表 3－2　实验样本集组成情况表

样本集名称	正常环境下/张	光照环境下/张	雨天环境下/张	雪天环境下/张	夜晚环境下/张	合计/张
训练集	1548	1546	1264	1128	1254	6740
测试集 1	625	512	374	254	385	2150
测试集 2	582	341	256	197	264	1640
测试集 3	452	241	213	218	315	1439
测试集 4	513	352	152	346	234	1597
测试集 5	385	263	334	218	285	1485
测试集 6	485	264	342	367	345	1803
测试集 7	674	185	485	258	264	1866
测试集 8	528	194	215	234	185	1356

3.4.3.3　实验指标

1. 识别性能指标

在停车场车辆压线多属性识别过程中，准确检测停车场车辆压线数量用 TP 表示，漏检停车场车辆压线数量用 FN 表示，误检停车场车辆压线数量用 FP 表示，检测为停车场车辆压线但非测量样本数量内的停车场车辆压线数量用 TN 表示。通过召回率 Z、准确率 J、F1-Measure 值测试停车场车辆压线识别性能，其公式分别如下：

$$Z = \frac{TP}{TP + FP} \tag{3-9}$$

$$J = \frac{TP}{TP + FN} \tag{3-10}$$

$$F = \frac{2 \times Z \times J}{Z + J} \tag{3-11}$$

2．识别耗时分析

该实验指标可验证方法的识别效率，识别耗时越短且准确度高的方法性能各具优势。

3.4.3.4　实验分析

1．卷积神经网络输出结果分析

利用本书方法识别停车场车辆压线多属性，卷积神经网络输出结果为车辆偏移和车轮位置两种属性，通过这两种属性实现停车场车辆压线的准确识别。设卷积神经网络层数为 5 层，卷积神经网络隐含层特征图输出数量为 10，卷积核大小分别为 7、9、11、13 时，统计不同卷积核识别准确率及识别均方误差如表 3－3、表 3－4 所示。

表 3－3　不同卷积核识别准确率表

测试集序号	卷积核为 7	卷积核为 9	卷积核为 11	卷积核为 13
测试集 1	96.87％	97.85％	98.85％	97.25％
测试集 2	96.52％	97.25％	99.15％	97.16％
测试集 3	95.87％	96.12％	98.64％	96.84％
测试集 4	95.97％	96.85％	98.57％	97.52％
测试集 5	96.86％	97.16％	99.23％	97.62％
测试集 6	96.16％	97.23％	99.34％	96.87％
测试集 7	96.35％	97.64％	99.74％	97.15％
测试集 8	96.54％	97.58％	99.25％	97.26％

表 3－4　不同卷积层均方误差表

测试集序号	卷积核为 7	卷积核为 9	卷积核为 11	卷积核为 13
测试集 1	0.058	0.042	0.025	0.035
测试集 2	0.067	0.058	0.014	0.026
测试集 3	0.072	0.057	0.016	0.028
测试集 4	0.076	0.041	0.022	0.034
测试集 5	0.081	0.053	0.018	0.023
测试集 6	0.072	0.047	0.023	0.034
测试集 7	0.065	0.052	0.017	0.028
测试集 8	0.067	0.046	0.018	0.034

通过表 3－3、表 3－4 统计结果可以看出，随着卷积核的提升，识别准确率有所提升。卷积核数量为 11 时，本书采用的方法识别各测试集准确率均为最高、均方误差均为最低，说明多任务卷积神经网络卷积核为 11×11 时提取多属性特征最为精准；卷积核提升至 13 时，识别准确率有所下降、识别均方误差明显提升，说明卷积核过大并未提升卷积神经网络的识别准确率，甚至导致识别效果有所下降，因此本书选取多任务神经网络的卷积核大小为 11。

2. 不同环境下车辆压线识别性能分析

统计正常、光照、雨天、雪天、夜晚五种环境下本书采用的方法对停车场车辆压线识别准确率，并将本书方法与变换步长方法（参考文献 ［6］）和图像纹理分析方法（参考文献 ［7］）对比。对比结果如图 3.10 所示。

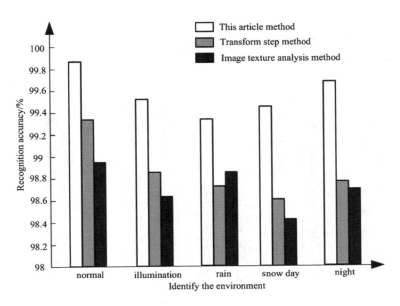

图 3.10 不同环境下车辆压线识别准确度对比

从图 3.10 中对比结果可以看出，采用本书方法识别不同环境下停车场车辆压线情况，在正常、光照、雨天、雪天、夜晚五种环境下识别准确率均高于 99%。对比结果显示出本书采用的方法识别准确率明显高于变换步长方法以及图像纹理分析方法，不仅在正常环境下可准确识别停车场车辆压线情况，在光照、雨天、雪天、夜晚四种复杂环境下仍可以准确识别停车场车辆压线情况。其主要原因是本书方法将多任务卷积神经网络方法应用于停车场车辆压线多属性识别中，通过车辆压线车辆位移和车轮位置两种属性有效提升停车场车辆压线识别准确性。

统计采用三种方法识别不同测试集停车场车辆压线准确率、召回率和 F 值结果，如图 3.11 至图 3.13 所示。

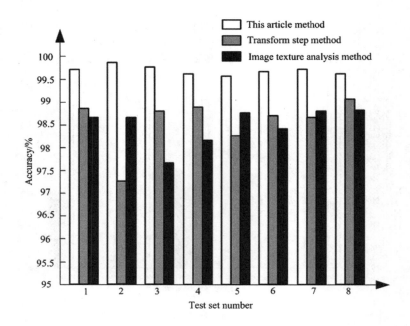

图 3.11　不同方法识别准确度对比

　　从图 3.11 对比结果可以看出，采用本书方法识别停车场车辆压线准确率明显高于变换步长方法及图像纹理分析方法；识别 8 个测试集识别准确率均高于 99.5%，采用变换步长方法识别 8 个测试集准确率均处于 97%～99% 之间，采用图像纹理分析方法识别 8 个测试集的识别准确率均在 97.5%～99% 区间。对比结果有效说明本书方法具有较高的停车场车辆压线识别准确率。

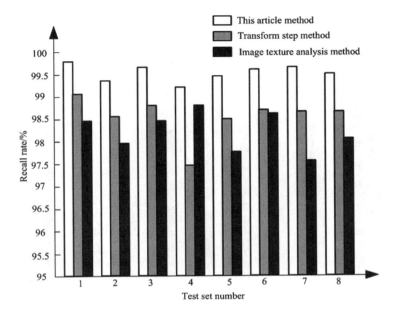

图 3.12　不同方法识别车辆召回率对比

从图 3.12 实验结果可以看出，采用本书方法识别停车场车辆压线召回率明显高于变换步长方法及图像纹理分析方法，采用本书方法识别停车场车辆压线召回率均为 99％以上，而变换步长方法以及图像纹理分析方法识别停车场车辆压线的召回率均在 97％～99％区间。召回率对比结果再次验证本书方法具有较高的停车场车辆压线识别性能。

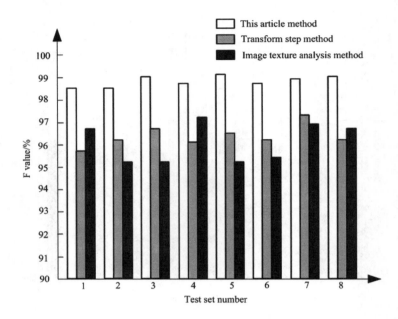

图 3.13　不同方法识别 F 值对比

从图 3.13 中不同方法识别 F 值对比结果可以看出，相比于变换步长方法以及图像纹理分析方法的 F 值，本书方法 F 值明显有所提升，本书方法采用度量学习方法训练卷积神经网络，可在复杂环境下准确提取停车场白线特征，提升识别停车场车辆压线多属性精度，避免目标与背景出现无法区分现象。本书方法使用多任务卷积神经网络方法，有效学习目标特征，抵抗复杂背景环境干扰，可直接表达停车场车辆压线属性。

3. 不同方法识别耗时分析

为了进一步验证所提方法的科学有效性，实验分析了所提方法、参考文献［5］方法和参考文献［6］中的方法，在进行车辆压线停车时的检测耗时，实验结果如图 3.14 所示：

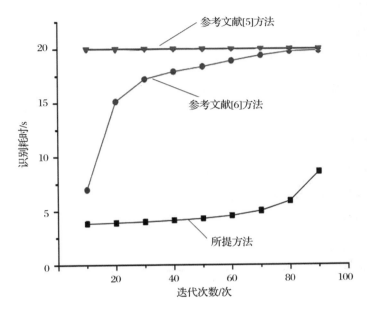

图 3.14　不同方法车辆压线识别耗时对比

分析图 3.14 数据可以看出，在相同实验环境下，采用三种方法对样本数据进行识别，识别的耗时存在一定差距。其中，采用所提方法对样本图像识别的耗时低于其他两种方法，最高用时约为 9s，而其他两种方法的识别耗时最低分别为 19s 和 7s。这是由于本方法对车辆压线的多属性特征进行分类和预处理，进而减少了识别过程中的步骤，缩短了识别耗时。

本研究将多任务卷积神经网络应用于停车场车辆压线多属性识别中，将停车场车辆压线的车辆偏移和车轮位置作为停车场车辆压线两个识别属性，利用多任务卷积神经网络实现停车场车辆压线精准识别。与传统方法相比，本方法具有以下优势：

一是本方法在进行停车场车辆压线识别的准确率高达 99%，识别精度较高；

二是本方法在停车场车辆压线准确率、召回率和 F 值识别方面数值均在 95％以上，验证了所提方法的科学有效性；

三是本方法识别车辆压线的耗时最高约为 9s，最低约为 4s，识别的速度较快。

本书提出的基于多任务卷积神经网络的停车场车辆压线多属性识别方法，虽然在现阶段取得了一定成果，但还存在诸多不足，未来将在以下方面进行改进：

一是在对停车场停车压线图像预处理过程中，应考虑图像多种噪声因素，对其进行进一步的降噪；

二是在车辆压线特征属性分类时，目前仅将其分为两类，应将其进行细化，以提升识别的精度；

三是在停车压线识别过程中，应提升损失函数 Triplet Loss 收敛速度。

参考文献

[1] Xu，Y J，Li，W X. Research on face recognition based on the gabor wavelet and the neural network [J]. Journal of China Academy of Electronics and Information Technology，2017，012（005）：534－539，550.

[2] Jing，F，Zhou，L W，Lu，W G. Design of power quality monitoring terminal based on adaline neural [J]. Journal of Power Supply，2017，015（003）：118－125.

[3] Zhu，Z G，He，B B，Xue，R. Image feature recognition method for dangerous situation in intelligent substation [J]. Chinese Journal of Power Sources，2018，042（004）：597－600.

[4] Qiu，P R，Yuan，X P，Gan，S. Research on QR code generation and recognition technology based on android platform in instrument equipment

management system of colleges and universities [J]. Automation, Instrumentation, 2018, (04): 67－70.

[5] Zhao, Y L, Yuan, Q D, Meng, X P. Multi-pose face recognition algorithm based on sparse coding and machine learning [J]. Journal of Jilin University (Science Edition), 2018, 056 (002): 340－346.

[6] Lan, Z L, Huang, F. Envelope extraction algorithm for acoustic signal of vehicle pressing line based on variable step size [J]. Journal of Computer Applications, 2017, 37 (12): 3625－3630.

[7] Zhang, M K, Hu, X R. Study on dynamic vehicle identification method based on image texture analysis [J]. Journal of Highway and Transportation Research and Development, 2017, 34 (10): 122－127.

[8] Tan, J X, Hong, Y M. Research on Target Recognition Method Based on Convolutional Neural Network [J]. Computer Simulation, 2017, 34 (11): 12－15, 113.

[9] Zhang, Y, Li, J, Guo, Y. Vehicle driving behavior recognition based on multi-view convolutional neural network with joint data augmentation [J]. IEEE Transactions on Vehicular Technology, 2019, 68 (05): 4223－4234.

[10] Yamashita, Y., Yamazaki, F., Nezu, A. Diagnostics of low-pressure discharge argon plasma by multi-optical emission line analysis based on the collisional-radiative model [J]. Japanese Journal of Applied Physics, 2019, 58 (01): 016004.1－016004.8.

[11] Ma, C, Chen, C, Liu, Q. Sound quality evaluation of the interior noise of pure electric vehicle based on neural network model industrial electronics [J]. IEEE Transactions on, 2017, 4 (12): 9442－9450.

[12] Yong, B, Zhang, G, Chen, H. Intelligent monitor system based

on cloud and convolutional neural networks [J]. Journal of supercomputing, 2017, 73 (7): 3260—3276.

[13] Kun, X, Zheng, L, Yu, S T. Manned self-balanced vehicle control system based on pressure sensors for steering [J]. Electronics Letters, 2018, 54 (12): 748—750.

[14] Mcfarlane, T M, Shetzline, J A, Creager, S. Biologically-based pressure activated thin-film battery [J]. J. mater. chem. a, 2017, 5 (14): 6432—6436.

[15] Jin, L, Deng, Z, Lei, W. Dynamic characteristics of the hts maglev vehicle running under a low-pressure environment [J]. IEEE Transactions on Applied Superconductivity, 2019, 29 (02): 1—4.

[16] Aghajani, S. , Kalantar, M. , Operational, scheduling of electric vehicles parking lot integrated with renewable generation based on bilevel programming approach [J]. Energy, 2017, 139 (15): 422—432.

[17] Chen, F Q, Zhang, M, Qian, J Y. Pressure analysis on two-step high pressure reducing system for hydrogen fuel cell electric vehicle [J]. International Journal of Hydrogen Energy, 2017, 42 (16): 11541—11552.

[18] Martin-Nieto, R, Garcia-Martin, A, Hauptmann, A G. Automatic vacant parking places management system using multicamera vehicle detection [J]. IEEE Transactions on Intelligent Transportation Systems, 2019, 20 (3): 1069—1080.

[19] Liu, A, Lau, V K N. Optimization of multi-UAV-aided wireless networking over a ray-tracing channel model [J]. IEEE Transactions on Wireless Communications, 2019, 18 (09): 4518—4530.

[20] Mohammadi-Hosseininejad, S M, Fereidunian, A, Lesani, H. Reliability improvement considering plug-in hybrid electric vehicles parking

lots ancillary services: a stochastic multi-criteria approach ［J］. Let Generation Transmission, Distribution , 2018, 12 (04): 824－833.

［21］ Moeskops, P, Viergever, M A, Adriënne, M. Automatic segmentation of MR brain images with a convolutional neural network ［J］. IEEE Transactions on Medical Imaging, 2017, 35 (05): 1252－1261.

［22］ He, B, Guan, Y, Dai, R. Classifying medical relations in clinical text via convolutional neural networks ［J］. Artificial Intelligence in Medicine, 2019, 93 (JAN): 43－49.

4 图像水印技术及应用

4.1 数字水印的分类

数字水印的分类方法很多，分类的出发点不同导致了分类结果的不同。它们之间既有联系又有区别。最常见的分类方法包括以下几类。

一是按水印的实现方法，分为空间域水印和变换域水印。较早的水印算法本质上说都是空间域上的，水印直接加载在多媒体数据上。基于变换域的水印技术可以嵌入大量比特数据而不会导致可察觉的缺陷，这类技术一般基于常用的图像变换，包括离散傅里叶变换（DFT）、离散余弦变换（DCT）、离散小波变换（DWT）以及哈达码变换（Hadamand Transform）等。本书研究了基于分形变换域的水印算法。

二是按水印是否可见，分为可见水印和不可见水印。可见水印的主要目的在于明确标识版权，防止非法的拷贝，虽然降低了资料的商业价值，却无损于所有者的使用。而不可见水印将水印隐藏，使水印视觉上不可见（严格说应是不可察觉），可作为证据起诉非法使用者，保护原创者的版权。本书研究的是不可见水印。

三是按使用的目的，可分为鲁棒水印、易损水印和半易损水印。鲁棒水印在作品遭到一定程度的破坏后也能检测出来，它主要用于版权保护。易损水印和半易损水印主要用于认证。易损水印的设计是为了能够检测出作品的任何篡改，如果作品被篡改，则水印无法被检测；半易损水印能容忍一定的信号失真，只有当作品的内容被篡改时，水印检测不出来，它比易损水印有更好的应用前景。本书主要研究鲁棒水印。

四是按水印检测过程，分为非盲水印、半盲水印、盲水印。非盲水印（私有水印）在检测过程中需要原始数据和原始水印的参与；半盲水印（半私有水印）则不需要原始数据，但需要原始水印来进行检测，且仅仅给出是否包含水印的二值判断系统，这种系统所嵌入的信息量仅为1比特，盲水印（公开水印）的检测既不需要原始数据，也不需要原始水印，且能输出水印来自系统。一般说来，非盲水印的鲁棒性比较强，但其应用受到存储成本和通信的限制。本书主要研究盲水印技术的实现。

五是按照应用范围可以分为静态图像水印和视频水印。图像水印是将一些隐蔽的信息嵌入到数字图像中，以实现版权保护、身份验证或图像溯源等目的。图像水印可以是可见的，例如在图像中添加文字或图标，也可以是不可见的，通过修改像素值或调整频域信息进行嵌入。

视频水印是在数字视频中嵌入的一种信息，用于标识、追踪或保护视频内容的真实性。视频水印可以是可见的，例如在视频的角落添加标识或 Logo，也可以是不可见的，通过改变视频帧或时间序列信息进行嵌入。

4.2　数字水印的特性

数字水印系统的基本要求与其应用目的紧密相关，水印的不可感知性是一个共有的要求。当设计数字水印系统时，一般还应该考虑的其他要求有：水印容量、鲁棒性、可证明性、安全性和计算复杂性。

4.2.1　与水印嵌入有关的特性

第一，嵌入有效性。指在嵌入过程之后马上检测得到肯定结果的概率。

第二，水印容量。对一幅照片来说，水印容量指嵌入到此幅图像中的比特数；对音频而言，水印容量指在一秒钟的传输过程中所嵌入的比特数；对视频而言，水印容量指每一帧中嵌入的比特数。

第三，不可感知性。有时又称为不可见性、不可察觉性、透明性，指数字水印的嵌入不应引起数字作品的视觉或听觉质量下降。不可感知性是水印最基本的特性，对其评价可用定量测量方法和主观测试方法，本书使用峰值信噪比（PSNR）来度量视觉质量。

4.2.2　视频水印检测有关的特性

4.2.2.1　虚警概率

虚警概率指在实际不含水印的作品中检测到水印的情况。

4.2.2.2　鲁棒性

鲁棒性指在经过常规信号处理操作后能够检测出水印的能力。针对图像的常规操作包括空间滤波、有损压缩、打印和复印、几何变换（旋转、平移、缩放）等。但在水印研究的另一个分支——脆弱水印中却要极力避免鲁棒性，此时对水印作品做任何信号处理都将会将水印破坏掉。

4.2.3　与安全有关的特性

4.2.3.1　安全性

安全性表现为水印能够抵抗任何意在破坏水印功能的行为，攻击类型可分为三大类：非授权去除，非授权嵌入和非授权检测。

4.2.3.2　密码和水印密钥

根据密码学的 Kerckhoffs 假设，人们希望在水印系统中如果密钥未知，即使水印算法已知，也无法检测出作品中是否含有水印，甚至在部分密钥被竞争对手得知时也不可能在完好保持含水印作品感官质量的前提下成功去除水印。水印系统中常使用两种密钥，在生成水印信息时使用一个密钥，在水印嵌入时使用另一个密钥，分别称为生成密钥和嵌入密钥。

4.2.4　计算复杂性

水印算法的计算复杂性直接影响水印嵌入器和检测器的工作速度，而不同的应用对嵌入器和检测器的工作速度的要求不同。图像水印系统对嵌入的实时性没有特别的要求，为了得到鲁棒性强和视觉质量较好的含水印图像，嵌入时花费较多的计算量是值得的。而在视频水印应用中往往有实时性的要求，嵌入算法不能减缓视频媒体生成的进度。检测器仅在发生所有权纠纷时才启用，而水印的检测结果非常重要，因此用户对检测速度和检测计算复杂性不会太介意。

在以上的各个要求中，对各种不同的水印系统最重要的性能是鲁棒性，而鲁棒性是基于应用的，不同的应用背景对鲁棒性有不同程度的要求。同时，希望设计一种水印技术具备以上各方面的鲁棒性也是不现实的，甚至是否存在这样一种水印技术仍然是一个公开的问题。

在设计水印系统时，考虑到水印对鲁棒性的要求和水印的其他要求是相互制约的，提高水印的鲁棒性要考虑以下几个重要参数。

一是嵌入信息的数量。水印容量是一个重要的参数，因为它直接影响水印的鲁棒性。对同一种水印方法而言，可嵌入的信息越多，水印的鲁棒性越强。

二是水印嵌入强度。水印嵌入强度（对应于水印的鲁棒性）和水印的不可感知性之间存在着一个折中。增加鲁棒性就要增加水印嵌入强度，相应地会增加水印的感知性。

三是秘密信息（如密钥）。尽管秘密信息的数量不直接影响水印的可见性和鲁棒性，但它对系统的安全性起了重要的作用。因此，密钥空间（秘密信息允许取值的范围）必须足够大，以使穷举攻击法失效，这就要求较高的可嵌入信息容量。

4.2.5　数字水印的应用领域

目前数字水印技术的应用主要包括以下几个方面。

一是版权保护。随着互联网和电子商务的迅猛发展，互联网上的多媒体信息急剧膨胀，数字化多媒体产品也可通过下载的方式从网上直接购买。而如何有效地保护这些数字产品的版权就成为一个极其关键的问题，也是数字水印技术研究的主要推动力。

违法者追踪数字水印也用于监视或追踪数字产品的非法复制，这种应用通常称作"指纹"。

二是防止非法复制。在媒体的录/放设备的设计中应用图像水印技术，当录/放设备工作时，检测媒体上是否有水印存在，以决定该媒体应不应该被录/放，从而拒绝非法拷贝媒体的流行和使用。同样的原理也可用于广播、电视、计算机网络在线多媒体服务中的听、看、访问权限的控制。现世界各大知名公司，如 IBM，NEC，SONY，PHILIPS 等，都在加速数字水印技术的研制和完善。

三是保密通信。把需要传递的秘密信息嵌入可以公开的图像中。由于嵌入秘密信息的图像在主观视觉上并未发生变化，察觉到秘密信息的存在几乎是不可能的。从这个意义上讲，传输秘密信息的信道也是秘密的，这将有效地减少遭受攻击的可能性。同时，由于信息的嵌入方法是保密的，如果再结合密码学的方法，即使敌方知道秘密信息的存在，要破译该信息也是十分困难的。

4.2.6　数字水印的一般模型

4.2.6.1　水印的产生和嵌入

通用的数字水印算法包含两个基本方面：水印的嵌入和水印的提取或检测。水印可由多种模型构成，如随机数字序列、数字标识、文本以及图像等。从鲁棒性和安全性考虑，常常需要对水印进行随机化以及加密处理。

设 I 为数字图像，W 为水印信号，K 为密码，则处理后的水印 W' 由函数 F 定义见公式（4-1）：

$$W'=F（I，W，K）\hspace{3cm}（4-1）$$

若水印所有者不希望水印被其他人知道，则函数 F 应该是不可逆的，如经典的 DES 加密算法等。这是将水印技术与加密算法结合起来的一种通用方法，目的是提高水印的可靠性、安全性和通用性。

水印的嵌入过程如图 4.1 所示，设有编码函数 E，原始图像 I 和水印 W'［W'由式（4－1）定义］，那么水印图像表示见图 4.1。

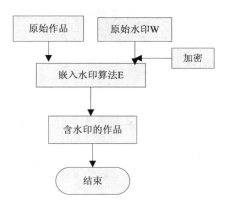

图 4.1 数字水印嵌入流程

4.2.6.2 水印的提取

在完整性确认和篡改提示应用中，必须能够精确的提取出嵌入的水印信息，从而通过水印的完整性来确认多媒体数据的完整性。水印提取流程如图 4.2 所示。

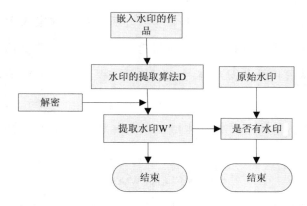

图 4.2 水印的提取流程

4.3 视频水印技术概论

4.3.1 MPEG－2 标准的简介

MPEG－2（Moving Picture Experts Group－2）是国际标准化组织（ISO）和国际电信联盟（ITU）共同制定的一项视频和音频压缩标准。该标准最初于 1995 年发布，旨在应用于数字广播、视频存储和传输等领域。MPEG－2 标准具有以下关键特点和功能。

一是视频压缩。MPEG－2 采用了一系列复杂的算法，可将视频数据压缩到较小的体积，以便于存储和传输。这种压缩方法被称为有损压缩，因为它会导致一定程度的图像质量损失。

二是支持多种分辨率。MPEG－2 能够处理不同分辨率的视频，包括标清（SD）和高清（HD）分辨率。这使得它适用于广播、电视和 DVD 等多种应用场景。

三是支持多种帧率。MPEG－2 可处理不同的帧率，如 25 帧/秒、30 帧/秒等。这使得它能够适应不同地区和应用中广泛使用的不同帧率标准。

四是音频压缩。除了视频压缩，MPEG－2 还包括对音频数据的压缩。它提供了多种音频编码方法，包括 MPEG－1 音频层 3（也称为 MP3）。

五是支持多路复用。MPEG－2 标准支持将多个视频、音频和其他数据流组合到一个传输流中的多路复用技术。这对于数字广播和视频传输非常关键。

MPEG－2 标准被广泛应用于视频制作、广播、电视、DVD 和数字电视等领域。它开创了数字视频和音频的时代，并为后续的 MPEG 标准如 MPEG－4 和 H.264/AVC 等奠定了基础。MPEG－2 的成功促进了数字媒体技术的发展和全球应用。

4.3.2 MPEG－2 标准的组成

MPEG－2 标准目前分为 9 个部分，其中前 6 部分统称为 ISO/IEC 13818 国际标准。各部分的内容描述如下。

第一部分为 ISO/IEC 13818－1，System——系统，描述多个视频、音频和数据基本码流合成传输码流和节目码流的方式。

第二部分为 ISO/IEC 13818－2，Video——视频，描述视频编码方法。

第三部分为 ISO/IEC 13818－3，Audio——音频，描述与 MPEG－1 音频标准反向兼容的音频编码方法。

第四部分为 ISO/IEC 13818－4，Compliance——符合测试，描述测试一个编码是否符合 MPEG－2 码流的方法。

第五部分为 ISO/IEC 13818－5，Software——软件，描述了 MPEG－2 标准的第一、二、三部分的软件实现方法。

第六部分为 ISO/IEC 13818－6，DSM－CC——数字存储媒体命令与控制，描述交互式多媒体网络中服务器与用户间的会话信令集。

第七部分规定了不与 MPEG－2 多通道音频编码反向兼容的多通道音频编码。

第八部分原计划用于 IObit 视频抽样编码，已停用。

第九部分规定了传送码流的实时性。

4.3.3　MPEG－2 视频流的数据结构

MPEG－2 中视频流采用分层式数据结构[21]，共由六层组成，如图 4.3 所示。

图像序列层（Sequence）
图像组层（GOP）
图像层（Picture）
条层（Slice）
宏块层（MacroBlock）
块层（Block）

图 4.3　视频流的数据结构

4.3.3.1　图像序列层 （Sequence）

图像序列层由序列头、一个或多个图像组和序列结束码组成，序列头主要包括图像大小、宽高比、比特率、量化表等解码所需的信息。

4.3.3.2　图像组层 （GOP）

图像组层是由头信息，一帧或连续若干帧图像组成的可以随机访问的一段编码以及结束码组成，头信息主要包括时间码等。在图像组层中，以 I 帧作为图像序列中的随机访问点，在 I 帧之后跟随一系列 P 帧和 B 帧。一个图像组至少包含一个 I 帧且总是以 I 帧作为第一帧。

4.3.3.3　图像层 （Picture）

图像层包含头信息和一帧图像所有的编码数据。头信息主要包括时间参考、图像编码类型，即 I、P、B 或 D，其中 D 图像只包含每个块的直流分量，用于极低比特率的图像浏览，前后向运动矢量类型和范围等。

4.3.3.4　条层（Slice）

条层由一个或多个相邻的宏块组成，引入条层的目的主要是出错恢复。其头信息是等长编码的，在比特流出错时，解码器可以据此恢复同步。头信息包含条的垂直位置等。

4.3.3.5　宏块层（Macro Block）

宏块包含一部分亮度分量和空间相关的色差分量。宏块既可以指源码和解码的数据，也可指相应的编码数据单元。对于一个跳过的宏块没有信息可供传递。一般来讲，对数字化采样后的图像序列，进行 MPEG 编码处理时，要经过如图 4.4 所示的数据结构的转换。

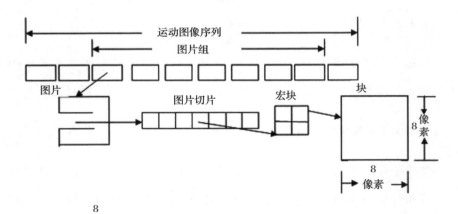

图 4.4　MPEG 数据流结构

MPEG－2 定义了三种宏块色差格式：4：2：0 宏块格式、4：2：2 宏块和 4：4：4 宏块，分别代表构成一个宏块的亮度像块和色差像块的数量关系。这三种宏块结构实际上对应于三种亮度和色度的抽样方式。对于每种不同的色差格式宏块中的块的顺序是不同的。

4：2：0 宏块中包含四个亮度像块、一个 Cb 色差像块和一个 Cr 色差像块，Cb 和 Cr 矩阵在水平和垂直方向都是 Y 矩阵尺寸的二分之一。Y 矩阵的行数和（每行）样本数都是偶数。

4∶2∶2 宏块中包含四个亮度像块、两个 Cb 色差像块和两个 Cr 色差像块，Cb 和 Cr 矩阵在水平方向是 Y 矩阵尺寸的二分之一，在垂直方向与 Y 矩阵具有相同的尺寸。Y 矩阵（每行）有偶数个样本点。在进行视频编码前，分量信号 R、G、B 被变换为亮度信号 Y 和色差信号 Cb、Cr 的形式。

4∶4∶4 宏块中包含四个亮度像块，四个 Cb 色差像块和四个 Cr 色差像块。Cb 和 Cr 矩阵在水平和垂直方向都与 Y 矩阵具有相同的尺寸。

4.3.3.6　块层（Block）

块层是 MPEG－2 中的最小编码单位，大小为 8×8，包括 DCT 系数和块结束标志（EOB）。

4.3.4　MPEG 视频压缩

MPEG 视频压缩是针对运动图像的数据压缩技术。为了提高压缩比，帧内图像数据压缩和帧间图像数据压缩技术必须同时使用。数据的压缩充分利用了时间和空间上的冗余信息。视频图像本身在时间上和空间上含有许多冗余信息，图像自身的构造也有许多的冗余性。为此，MPEG 采用了以下算法。

4.3.4.1　帧内压缩算法

MPEG－2 使用了一种被称为帧内压缩（intra-frame compression）的算法来压缩视频帧内的数据。帧内压缩也被称为图像压缩或空间压缩，它主要关注单个视频帧内的数据压缩，而不涉及帧与帧之间的压缩。

在帧内压缩中，视频帧被划分为若干个块，通常是 8×8 像素的块。每个块内的像素值被描述为亮度和色度（通常为 YUV 颜色空间）分量。帧内压缩使用了以下几种主要的技术。

1．预测编码（predictive coding）

预测编码是一种利用图像中局部的空间和时间相关性来减少冗余信息的方法。在帧内压缩中，一个块的像素值可以通过预测周围块的值来近似表示，只需通过编码预测误差。常用的预测方法包括均值预测、中值预测和运动预测等。

2．变换编码（transform coding）

变换编码是一种将空域数据转换为频域数据进行编码的方法。在帧内压缩中，常用的变换是离散余弦变换（DCT），它能够将图像的能量集中在较少的系数上，并进一步减少图像数据的冗余。

3．量化（quantization）

量化是将变换后的系数映射为较低精度的离散值的过程。在帧内压缩中，通过对变换系数进行量化，可以丢弃一些细节信息，减少数据量。量化的程度取决于所选择的量化矩阵，不同的量化矩阵会影响压缩的质量和比特率。

4．熵编码（entropy coding）

熵编码是一种根据符号出现概率编码数据的方法，以进一步减少数据的比特率。在帧内压缩中，常用的熵编码方法包括哈夫曼编码和算术编码等。

综合使用上述技术，帧内压缩能够显著地减少视频帧内的冗余和数据量，实现视频的高效压缩。它在 MPEG－2 标准中被广泛应用，同时也是其他视频压缩标准如 MPEG－4 和 H.264/AVC 等的基础。

4.3.4.2　帧间压缩算法

帧间压缩（Inter-Frame Compression）是一种视频压缩算法，用于压缩视频序列中连续帧之间的数据。相对于帧内压缩，帧间压缩更关注帧与帧之间的冗余，以进一步减少数据的比特率。

1. 运动估计与补偿（motion estimation and compensation）

帧间压缩利用了视频序列中连续帧之间的运动一致性。通过对当前帧与之前已压缩的参考帧之间的像素位移进行估计，可以找到最佳的补偿图像来减少运动帧的重复信息。运动估计使用了一些算法来寻找最佳的像素位移。常见的算法包括全搜索算法、三步搜索算法和亚像素精确化等。

2. 帧间预测（inter-frame prediction）

帧间压缩还利用了帧与帧之间的时间相关性。当前帧的像素值可以通过对已压缩的参考帧进行预测来近似表示，只需通过编码预测误差。常见的帧间预测方法包括基于运动矢量的预测（如运动补偿预测）和帧内预测（如帧内参考）等。

3. 变换编码与量化（transform coding and quantization）

与帧内压缩中类似，帧间压缩通常也包括变换编码和量化过程。将预测误差进行变换和量化，可以减少数据量。

4. 熵编码

帧间压缩最后一步是对变换后的数据进行熵编码。常见的熵编码方法包括哈夫曼编码和算术编码。熵编码根据数据的统计特性进行编码，以进一步减少比特率。

综合使用上述技术，帧间压缩可以减少视频序列中连续帧之间的冗余信息，大幅度压缩视频数据的大小。它在视频压缩标准如 MPEG－2、MPEG－4 和 H.264/AVC 等中被广泛应用，使得高质量的视频可以以较低的比特率进行存储和传输。

4.3.5　运动补偿预测

4.3.5.1　运动补偿的概念

运动补偿实际上是在对活动图像进行压缩时所使用的一种帧间编码技术。所谓的活动图像实际上是一系列静止图像的连续排列。当它们以不少于 24fps/s 的速率连续显示时，人眼的视觉的暂留特性会使人产生图像连续活动的感觉。因为一般情况下，相邻帧间的内容实际上没有太大的变化，很大一部分甚至是完全一样的，所以相邻帧间有较大的相关性，这种相关性被称为时域相关。运动补偿的目的是要将这种时域相关性尽可能地去除。

4.3.5.2　运动补偿的基本原理

运动补偿的基本原理为当编码器对图像序列中的第 N 帧进行处理时，利用运动补偿中的核心技术——运动估计 ME（Motion Estimation），得到第 N 帧的预测 N'。在实际编码传输时并不总是传输 N 帧，而是第 N 帧和其预测 N' 的差值。如果运动估计十分有效，差值的概率基本上分布在零的附近，从而导致差值比原图像第 N' 的能量少得多，编码传输差值所需的比特数就少得多。这就是运动补偿技术能够去除信源中的时间冗余度的本质。

运动补偿预测技术通常由以下几个方面组成：

（1）首先把图像分割成静止和运动的两部分，在这里假设运动物体仅做平移运动；

（2）估计物体的位移值；

（3）用位移估值进行运动补偿预测；

（4）预测信息编码。

图像分割是运动补偿的基础，但实际上把图像分割成不同的物体是比较困难的。一般采用两种比较简单的方法。一种是把图像分割成矩形子块，适当地选择块的大小，把子块分为动和不动两种，估计运动子块的位移，进行预测。例如，在 MPEG 中就采用基于 16×16 子块的算法，将每个子块作为一个二维的运动矢量进行处理；另一种方法是对每个像素的位移进行预测（由于每个像素的预测没有很大的实际意义，一般不用）。较好的图像分割算法为图像块的运动估算算法提供了基础。

4.3.6　运动估算算法

运动估算算法一般归纳为一类是像素递归算法 PRA（Pixel Recursive Alogrithm），另一类是块匹配算法 BMA（Block Matching Alogrithm），PRA 是基于递归思想，如连续帧中，像素数据的变化是因为物体的位移引起的，算法就会在梯度方向几个像素周围做迭代运算，使连续的运算最后收敛于一个运动估计矢量，从而预测该像素的位移；而 BMA 则是基于当前帧中一定大小的块，在当前帧的前后帧的一定区域内搜索该像素块的最佳匹配块作为它的预测块。尽管 PRA 对比较复杂的运动形式来说，其预测精度要比 BMA 高，但是由于其计算量比 BMA 大得多，同时算法本身的性能并不差，所以 MPEG 推荐 BMA 算法。

BMA 算法是一种非常直观的运动估计算法，它是基于平移运动的机理来计算运动估计值的。在平移运动中，物体上的每一点均有相同的速度大小和方向。在物体运动的轨迹上，当前时刻所处位置可以根据前一时刻位置偏移计算得到。这种认识运用到图像序列中，即第 N 帧中内容是由第 N−1 中相应部分经过不同方向的平移而形成的。于是，将每帧图像分成二维的 16×16 的子块，假定每个子块内的像素都作相等的平移运动，在其相邻帧中相应的几何位置周围的一定范围内，通过某种匹配准则，寻找这些 16×16 块的最佳匹配块。一旦找到，便将最佳匹配块与当前块的相对位移（dx，dy）即通常所说的运动矢量（motion vector）送出，并传输到接收端。

在实际的应用中，只将运动矢量（dx，dy）及最佳匹配块与当前块之间的差值块一起编码传输。在接收端，通过运动矢量在已经恢复的相邻帧中找到当期块的最佳匹配块，并与接收到的差值块相加恢复当前块，这就是运动补偿过程。从 BMA 的实现原理中可以看到有两个问题需要解决，即搜索方式和匹配准则。搜索的方式有许多，如全搜索法、二维对数法、三步搜索法、对偶搜索法等，具体的搜索过程请参考文献[19]。匹配的准则不仅涉及搜索的精度，而且涉及搜索速度。衡量匹配好坏的准则有归一化相关函数 NCCF（Nomalized Cross Correlation Function）、均方差 MSE（Mean Square Error）和平均绝对误差 MAD（Mean Absolute Deviation）。由于 MAD 便于计算，且硬件容易实现，所以该准则获得广泛应用。

4.3.7　MPEG 帧图像的类型及其编码

MPEG 中可将图像分为 3 种类型。

4.3.7.1　I 图像（帧内图像）及其编码

I 图像是利用图像自身的相关性压缩，提供压缩数据流中随机存取点，采用各种变换编码技术，其编码不需要其他帧的图像作为参考。这些帧图像为译码器提供随机的存取点，是预测图像 P 和双向预测图像 B 的参考图像，因此压缩率不高。压缩后，每个像素为 1bit～2bit。

在 I 帧中每个图像平面分成 8×8 的图块，对每个图块进行离散余弦

DCT（Discrete Cosine Transform）或者小波变换等变换。DCT 变换后经过量化的交流分量系数按照 Zig-zag 的形状排序，再使用无损压缩技术进行编码。DCT 变换后，经过量化的直流分量系数的差分脉冲调制 DPCM（Different Pulse Code Modulation），交流分量系数用行程长度编码 RLE（RUN-Length Encoding），然后用哈夫曼编码（Huffman Code）或用算术编码。具体算法与前面介绍的 JPEG 相似，它的编码框如图 4.5。

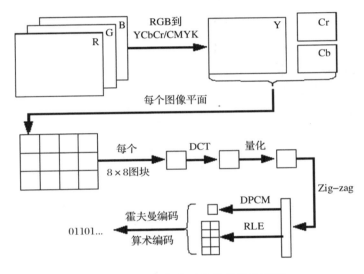

图 4.5　I 帧图像的压缩编码算法流程

4.3.7.2　P 图像（预测图像）及其编码

　　P 图像是参考过去的帧内图像或过去预测得到的图像用运动补偿预测技术进行编码。这些预测图像通常作为进一步预测的参考，预测图像的编码效率较高。P 帧的编码也是以图像的宏块为基本单元。预测编码的基础是运动估计，它将直接影响到整个系统的编码效率和压缩的性能，因此希望找到一种预测精度高同时计算量又小的运动估计算法。

　　预测图像 P 编码的原理和流程如图 4.6 所示。target 中的图像宏块是 reference 参考图像宏块的最佳匹配块，它们的差值就是这两个宏块中相应像素值之差。对所求的差值进行彩色空间的转换，并做 4∶1∶1 的子采样得到 Y、Cr 和 Cb 分量值，然后仿照 JPEG 压缩算法对差值进行编码，计算出的运动矢量也要进行哈夫曼编码。

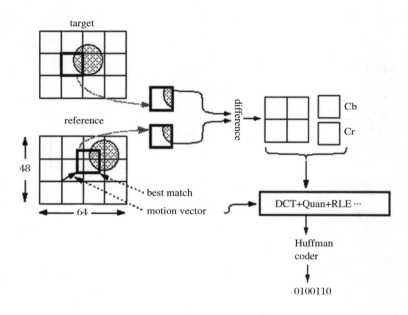

图 4.6　P 图像压缩编码算法

4.3.7.3　B 图像（预测图像）及其编码

B 图像在预测时，既可使用前一个图像作为参考，也可以使用下一个图像作为参照或同时使用前后两个图像作为参照图像（双向预测）。它的压缩率最高，但双向预测图像不作为预测的参考图像。在图 4.7 中用箭头表示了这 3 种图像之间的关系，一共采用 4 种技术：帧内编码、前向预测、后向预测、双向预测。

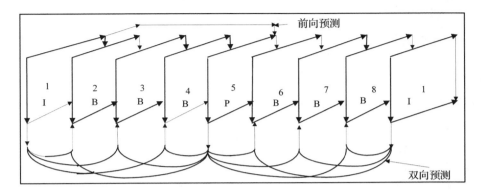

图 4.7　帧间预测

MPEG 算法允许编码选择 I 帧图像的频率和位置，这一选择是基于随机存取和场景位置切换的需要。一般 1s 使用 2 次 I 图像。图 4.8 所示为一个视频序列中帧图显示顺序的例子，这也是帧编码器输入帧图的排列顺序。其中，第一行是编码器输入帧图的编号，第一行表示帧图的属性。

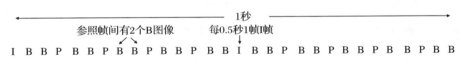

图 4.8　按图像显示次序排列的图像流

本例中画出了 30 帧图像，其中包括了两幅帧内图 I，8 幅预测图 P，20 幅双向预测图 B。在 I 参考图和 P 参考图之间有 2 幅帧预测图 B，两个 P 参考图间也有两幅 B 预测图。由于 I，P，B 三者之间存在因果关系，如第四帧的 P 图是由第一帧的 I 图预测的，第一帧和第四帧共同预测出它们之间的双向预测图 B 图，因而接收端解码器的输入，即发送端解码器的输出，不能按照图 4.9 的顺序，而应按照图 4.8 的排列顺序。

I P B B P B B
1 4 2 3 7 5 6

图 4.9　解码器的输入顺序

解码器的输出，又恢复了图 4.8 编码器输入顺序显示。

B 帧图像可同时利用前、后帧图像作为预测参考，因此被称为双向帧间预测图像，它的编码原理如图 4.10 所示。

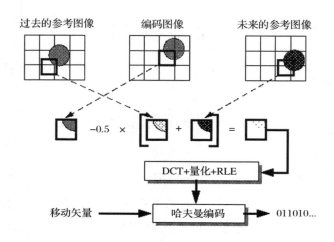

图 4.10　双向预测图像的压缩编码原理

B 帧同时以它相邻的前后两帧作为参考帧进行运动补偿，并将所得的结果进行内插而获得平均预测结果。因此，在 B 帧中的一个宏块，既可以采用前向的预测方式，也可以采用后向的预测方式，还可以采用双向预测方式后取得的平均方式进行预测得到。当然，也可以采用帧间方式，具体采用哪种方式，取决于哪种方式使该宏块所需的信息量最少。使用双向预测后，可以使那些在前一帧预测不到的内容很好地在后一帧中预测到，而且通过预测后取平均值，有效地减少了预测噪声的影响。

4.3.8　视频水印技术的基本特征

由于数字视频是连续播放的图像序列，其相邻帧之间的内容有高度的相关性，连续帧之间存在大量的数据冗余，使得视频水印容易遭受帧平均、帧丢弃、帧交换等各种攻击。此外，目前为了节约视频数据存储空间和便于传输，视频的主要存在形式是压缩格式的，视频水印在很大程度上是与压缩编码标准紧密联系在一起的，因此视频水印除了具有一般水印技术的特征外，还有一些特殊的要求。视频水印的特征可以概括如下。

一是鲁棒性。水印能够抵挡无意或故意的攻击，这些攻击包括信号叠加、滤波、剪切、编码、压缩、模数转换等。

二是安全性。当水印嵌入后，非授权人不能将其删除掉。只要它不知道确定的参数，即使知道了水印算法也不能将水印移除。

三是盲检测。水印检测时不需要原始视频。原因是原始视频不可能全部被获取。

四是水印容量。水印的容量为在单位时间内嵌入水印的数据量，嵌入的水印信息必须足以标识多媒体的购买者和所有者的身份。

五是篡改提示。通过水印提取算法，能够敏感地检测到原始数据是否被篡改。

六是不可察觉性。嵌入在视频数据中的数字水印应该不可见或不可察觉，不能因为水印的嵌入而降低视频的质量。

七是快速嵌入/检测。因为视频的数据量大而且具有实时性的要求，所以算法必须在很短的时间内完成。

八是同步检测机制。要有准确可靠的同步提取和同步丢失检测及再次同步的机制。

九是计算复杂度。计算复杂度的核心是确保水印的实时性和可操作性。计算复杂度越低，水印的可实用性越强，但必须保证水印有合乎要求的稳定性。

十是视频速率的恒定性。水印加入后不能增加视频比特流的速率，必须服从传输信道规定的带宽限制。如果水印嵌入后播放的速率提升，解码后的声音和视频图像就可能不同步，引起失真现象。

十一是与视频编码标准相结合。视频的存储和传输过程中，通常要先对其进行压缩，比如 MPEG 压缩等。视频压缩的目的是去除冗余数据，如果不考虑视频压缩编码而盲目地嵌入水印，则嵌入的水印很容易在编码过程中完全丢失。

十二是随机检测性。可以在视频的任何位置，短时间内（几秒）检测出水印，并对实时性提出更高要求。

4.3.9　视频水印嵌入的三种基本模型

根据水印技术和视频编码系统结合方式，视频水印的嵌入有两种基本方法：基于原始视频的方法和基于压缩视频的方法。基于原始视频的水印算法是对未经过编码的视频数据进行直接处理，在原始视频数据中嵌入水印，也被称为前置视频水印算法；基于压缩视频的水印算法是指视频水印的算法和某种视频压缩标准相结合（如常见的 MPEG－1，MPEG－2，MPEG－4），在压缩域视频中嵌入水印，被称为内置视频水印和后置视频水印算法。其中，在视频编码结构中嵌入水印的算法，被称为内置视频水印算法，而在视频编码得到的码流中嵌入水印的算法，被称为后置视频水印的算法。

4.3.9.1　前置视频水印技术

原始视频序列水印技术是将水印信息直接嵌入到原始视频数据中，整个嵌入的过程是在为广播与通信而进行的 MPEG 编码之前。视频序列的每一帧都用这种算法嵌入水印，当然它受不同的水印嵌入算法所支配。一般来说，时空域水印算法和频域算法都可以应用在这里。前置视频序列水印算法的结构示意如图 4.11。

图 4.11　前置视频水印处理算法流程图

4.3.9.2　内置式视频水印技术

在视频广播和通信的 MPEG 压缩进程中，这种水印处理算法可以和压缩编码结合成一个整体。把水印技术与 MPEG 编码相结合为一个整体是解决实时性需求的一种有效的手段，但 MPEG 压缩算法提供的框架限制了水印算法的选择。内置视频水印技术算法的结构示意如图 4.12。

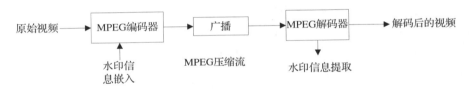

图 4.12　内置视频水印处理算法流程图

4.3.9.3　后置式视频水印技术

这类算法直接将水印信息嵌入到 MPEG 压缩码流上而不经过编码和解码的过程，对视频图像的质量几乎没有什么影响，但视频压缩序列的码率限制了水印的嵌入容量。后置式水印算法如图 4.13 所示。MPEG 码流分为头信息、附带信息、运动矢量和编码块。该算法首先对 MPEG 码流进行解码，再将水印信息嵌入到编码块中的某些系数上。

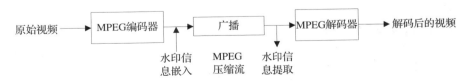

图 4.13　后置视频水印处理算法流程图

4.3.10　视频水印攻击

数字水印的鲁棒性通常是通过检测经过攻击后的水印信息是否存在来评价。相对于传统的文本水印和图像水印，视频水印的攻击方法更多。其中有很多是作者为了更好地管理资源而对视频进行非恶意的处理，包括视频压缩格式转换、帧率调整、视频编辑等。另外，视频水印还会受到各种各样的恶意攻击，包括加噪、帧去除、帧平均等。

下面主要介绍几种常见的攻击方法。设嵌入了水印后的视频为 Rw，Rw 即攻击对象；设攻击后的视频为 wR。

4.3.10.1　噪声攻击

随机噪声攻击是一种最基本、最普遍的数字水印攻击方式，它以不影响 Rw 视觉效果为前提，在 Rw 中加入一定量的噪声。噪声攻击有可能是无意攻击，也可能是恶意攻击。在一定的信噪比情况下，鲁棒水印算法应该能够从攻击后的视频 wR 中提取出水印图像。

4.3.10.2　MPEG 压缩

视频最基本的处理方式是压缩编码。目前最常使用的压缩编码方式是 MPEG 系列标准。MPEG 压缩编码包括帧内编码和帧间编码。视频压缩会造成视频信息的丢失，这种丢失不会影响视频质量，却有可能破坏水印。视频水印算法要保证水印对 MPEG 压缩的鲁棒性。

4.3.10.3　帧内裁剪

对静止图像嵌入水印后图像的裁剪攻击，即将图像裁剪去一部分，从剩下的部分图像中提取水印图像。当然，裁剪的比例不会很大，以保证图像的使用价值。视频水印帧内裁剪即是对 Rw 中的每一帧都进行裁剪攻击，用每一帧的裁剪率来衡量视频 Rw 受破坏的程度。

4.3.10.4　帧切除

由于视频帧间存在大量的数据冗余，帧与帧之间的数据变化很小，因而切除一些帧不会显著影响视频的视觉效果，却会破坏水印提取的时间同步性。因此，帧切除是视频水印的一个致命的攻击。

4.3.10.5　帧平均

帧平均是针对视频水印的一种特殊攻击方式。同一视频镜头中的各帧具有相同场景，差别微小，攻击者常采用帧平均破坏水印。帧平均定义为：

$$I = (I_1 + I_2 + I_k)/N_K \quad (k = 2, 3, \cdots, N_k) \qquad (4-2)$$

其中 I_k 是三维矩阵，攻击者用平均帧 I 代替该 k 帧图像。

4.3.10.6　剪切－复制

视频数据冗余性强，相邻帧之间极有可能存在内容相似的大区域。攻击者很容易采用 Photoshop 等图像处理软件将前帧中的内容复制到后面一帧中来破坏水印信息，即剪切－复制攻击。由于视频的数据冗余、帧与帧间的数据变化很小，这些攻击方式都不会显著影响视频的视觉效果，但对与帧顺序相关的水印信息却是致命攻击。

4.3.11　人类视觉系统的掩蔽特性描述

数字水印技术之所以可能实现，是因为数字媒体的最终接收者是人，而人类的视觉系统和听觉系统都不是完美的信号检测器，都具有其自身的一些特点，因此数字水印算法最重要的两个特性就是鲁棒性和不可见性，而一般来说，两者之间存在着矛盾。因此，必须在假设数字水印图像满足不可见性的前提下研究数字水印系统的鲁棒性，反之亦然。认知科学的飞速发展为数字水印技术奠定了生理学基础，人眼的色彩感觉和亮度适应性、人耳的相位感知缺陷都为信息隐藏的实现提供了可能的途径。人的生理模型包括人类视觉系统 HVS 和听觉系统。该模型不仅被多媒体数据压缩系统所利用，同样可以很好地应用于数字水印系统中。参考文献［14］提出了基于人类视觉系统实现的图像数字水印的嵌入的算法，它的基本思想是利用人类视觉系统的视觉掩蔽特性和频率掩蔽特性，调和鲁棒性和不可见之间的矛盾。

人眼视觉特性分析指出，人眼能区分两某个物体，必是两者之间的差别大于人眼所能区分的辨别门限。所谓的辨别门限是指辨别亮度差别而必需的光强度差的最小值。这个最小值 $\triangle I$ 随强度 I 的大小而异。根据 Weber 定律在均匀背景下，人眼刚好可识别的物体照度为 $I+\Delta I$，其中 ΔI 满足：$\triangle I \approx 0.02I$。

刺激的亮度和色度受周围背景的影响而使其产生不同感觉的现象叫同时对比现象。在两个刺激相继出现的场合，后继刺激的感觉受先行刺激的影响，这种现象叫相继对比。一般情况下，在相同亮度的刺激下，背景亮度不同人眼所感觉到的明暗程度也不一样。实验表明，在背景亮度比目标亮度低的场合，人眼感觉目标有一定的亮度；当背景亮度比目标亮度亮时，人眼看到的目标就有暗得多的感觉。

关于对比效果有基尔希曼法则，其基本内容为：目标比背景小，颜色对比大；颜色对比在空间分离的两个区域内也发生，间隔大时则效果不明显；背景大，对比量也大；明暗对比最小时，颜色对比最大；明暗相同时，背景色度高对比量大。

视觉的空间频率特性是人类视觉系统的另一个重要的性质。因此，在考虑水印算法时应充分利用 HVS 特性。HVS 的对比度特性可以归纳为以下几点。

一是照度掩蔽特性。在人眼实际观察景物时，得到的亮度感觉并不完全由景物的亮度决定，背景越亮，HVS 的对比度门限 CST（Contrast Sensitivity Threshold）越高，HVS 就越无法感觉到信号的存在。

二是纹理掩蔽特性。可见度阈值是正好能够被觉察的干扰值，低于该阈值的干扰值是不会被觉察出来的。对于边缘的可见度阈值要比远离边缘的高，即边缘掩盖了边缘邻近像素的干扰，被称为视觉掩蔽效应，它表明边缘区域可以容忍较大的干扰。背景的纹理越复杂，HVS 的对比度门限越高，HVS 就越无法感觉到信号的存在。

三是频率特性。人眼对于图像上不同空间频率成分具有不同的灵敏度。

四是相位特性。人眼对相角的变化要比对模的变化敏感。

五是方向特性。人眼对斜的方向性要比对水平和垂直的方向性敏感度低。

4.4　基于小波变换和视频内容的视频水印技术

4.4.1　算法的思想

在小波变换的基础上，人们提出了一种基于内容的非对称数字视频水印。首先，利用 SOBEL 算子提取经过小波分解后的低频区域中的 I 帧视频图像的边缘特征的系数，用公钥系统对水印加密，并将水印嵌入视频 I 帧的视频图像的边缘系数中。

　　目前，许多论文提出的算法，只考虑嵌入的信息量和水印嵌入的整体区域，水印的选择一般和图像的内容无关，没有考虑图像边缘是图像的重要基本特征。有的即使考虑到，但算法过于烦琐，如参考文献［1］。这些算法在水印的选择和嵌入的系数上没有做特定的选择，这不利于水印的安全性和鲁棒性，因为当水印受到不同强度攻击的时候，如果嵌入的水印和图像的内容无关时，攻击者往往可以很容易地在不破坏图像的基本质量的情况下去掉水印，然而当水印是基于图像的内容并且实现了和图像重要的边缘特征向量的绑定后，则水印在被破坏的同时，图像的基本特征也同时被破坏了，图像就没有任何价值了。

　　本算法正是在充分考虑到上面的因素后提出的。本算法的创新之处：水印的产生是基于原视频 I 帧图像的，并且经过了加密；水印是嵌入小波变换的低频分量；水印的嵌入系数是经过选择的。实验证明，本算法比一般的算法在水印的不可见性和鲁棒性方面具有更好的性能。

4.4.2　算法的基本理论

4.4.2.1　图像塔式小波的分解

　　在 $\Psi a，b$ 时 $= 1/\sqrt{a}(\dfrac{t-b}{a})$ ，a，b 为实数且 a≠0，则函数 f（x）有

$$W_f(a，b) = <f，\psi_{a，b}> = \dfrac{1}{\sqrt{a}}\int_{-\infty}^{+\infty}\psi\dfrac{t-b}{a}dt 。$$

　　MALLAT 所提出的求解小波系数的塔式算法，使离散小波的变化可以以数字滤波器的形式出现。这样的多分辨分析小波分解的公式可以用以下表达式表示：

$$W_{2n}(x) = \sqrt{2}\sum_k h(k)w_0(2x-k) \tag{4-3}$$

$$W_{2n+1}(x) = \sqrt{2} \sum_k h(k) w_1(2x - k) \qquad (4-4)$$

$k \in z$，$n \in N$。其中，$w_0(x)$ 为事先定义的尺度函数 φ，$w_1(x)$ 为由尺度函数生成的小波母函数 $f(m\Delta x, n\Delta y)$。在实际的应用中，通过水平和垂直的滤波，二维离散小波变换将图像分为 4 个子带，LL、LH、HL 和 HH。其中，LL 为垂直和水平方向的低频子带，其余的为高频子带。LL 是原图的近似子图，包含了原图的重要特征信息。塔式小波变换就是递归地对低频子带 LL 进行分解，从而实现图像的多级分解，如图 4.14 所示。

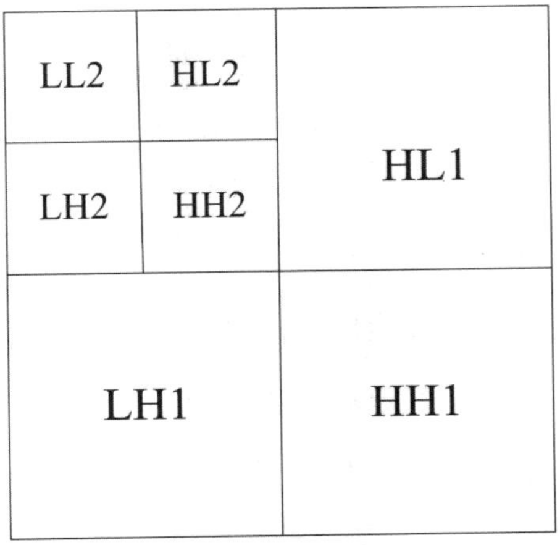

图 4.14　图像的二级小波分解图

4.4.2.2　SOBEL 算子检测图像的边缘

SOBEL 算法是在图像空间利用两个方向模板与图像进行领域的卷积来完成，两个方向一个是检测水平边缘，一个是检测垂直边缘。SOBEL 算子的表达式如下：

$$\begin{bmatrix} 1 & 2 & 1 \\ 0 & 0 & 0 \\ -1 & -2 & -1 \end{bmatrix} \begin{bmatrix} 1 & 0 & -1 \\ 2 & 0 & -2 \\ 1 & 0 & -1 \end{bmatrix} \qquad (4-5)$$

该算法的原理：图像边缘附近的亮度变化较大，因此把那些在邻域内，灰度超过某个阈值的像素点作为边缘。详细的步骤参见参考文献［1］。

4.4.2.3 水印的生成

一种基于图像内容的水印必须满足的条件是：无论何时，只要两个图像不同，它们生成的水印不相关；无论何时，只要两个图像相同，他们生成的水印相关；无论何时，只要密钥不同它们生成的水印也不相关。为此，应按照以下步骤生成水印序列 W。

（1）输入将要嵌入水印的图像，将它做 3 级小波分解，得到分解后的 LL_3，在这个区域利用 SOBEL 算子提取这个区域的边缘，得到边缘的特征向量为 S＝ $\{ s_i \mid i = 1, 2_{LL} N\}$ 并记录下每个数据在图像中的位置 (x_i, y_i)。

（2）利用公式（4－5）并计算每个特征分量的 s_i 的掩蔽参数 c_i（该参数反映了 LL_n 中对应位置的原始图像区域的边缘及纹理信息的相对强度）。根据小波系数的渐进传输发现，各个子带中的系数有明确的空间位置的对应关系，它们构成树状结构，可通过上级系数的地址来对下级系数进行寻址，如果对一幅 M×N 的图像作 N 级小波分解，就产生如上文所讲的分解图。设 (p_n, q_n) 为子带系数的带内坐标，则具体的结构为：

$$tree[LL_n(p_n, q_n)] = \mathop{U}_{de\{LH, HL, HH\}} tree(p_n, q_n) \qquad (4-6)$$

$$tree[d_t(p_t, q_t)] = \mathop{U}_{i=0}^{l} \mathop{U}_{j=0}^{l} tree[d_{t-1}(2p_t + i, 1q_i + j)] \qquad (4-7)$$

$$\overline{d_u}(p_n, q_n) = \frac{[d_u(p_u, q_u) - E(d_u)]^2}{\sum_{i, j=0}^{(N-2^u)/2^u} [d_u(i, j) - E(d_u)]^2} \qquad (4-8)$$

$LL_n(p_n, q_n)$ 是每个像素块的平均值，$E(d_u)$ 为第 u 级的高频子带 d_u

中系数的期望值，（p_n，q_n）为 u 级子带系数的带内坐标。由公式（4—8）可得出：

$$C(p_n, q_n) = \sum_{d \in (LH, HL, HH)} \sum_{U=1}^{n} \sum_{p_n, q_n} \overline{d_u}(p_n, q_n) \qquad (4-9)$$

对小波树中除根节点外的所有的权值求和，将 $C(p_n, q_n)$ 称为 tree［$LL_n(p_n, q_n)$］的掩蔽参数。$C(p_n, q_n)$ 反映了 tree［$LL_n(p_n, q_n)$］对应的原始图像区域边缘的纹理信息的相对的强度。

（3）将水印图像预处理：经过用 Arnold 置换的预处理，将二维的图像数据转换为一维的数据序列 $w = \{w_i, i = 1, 2_{LL}M\}$。

使用置乱技术对水印进行预处理，可以提高水印信息的安全性，增强水印抵抗恶意攻击的能力。Arnold 变换（cat MapPing）是 Arnold 在遍历理论的研究中提出了一类裁剪变换。使各图像上的像素点坐标（x，y）变到另一个坐标（x'，y'）。具体变换为：

$$\begin{bmatrix} x' \\ y' \end{bmatrix} = \begin{pmatrix} 1 & 1 \\ 1 & 2 \end{pmatrix} \begin{bmatrix} x \\ y \end{bmatrix} (\bmod N) \qquad (4-10)$$

其中，x，y∈（0，1，2…N−1），表示某一像素点的坐标，而 N 是图像矩阵的阶数。经过 Arnold 变换后的图像会变得"面目全非"，但继续使用 Arnold 变换若干次，就一定会出现一幅与原图相同的图像。也就是说，Arnold 变换具有周期性，对于不同的 N，Arnold 变换有不同的周期。

（4）如果水印数据的个数 M 大于图像特征数据的 N，则在经过 3 级分解的要嵌入水印图像的 1—11 区域中提取 M−N 个大的小波系数 $s_1\{s_i, i=1, 2_{LL}M-N\}$，令 $C_1 = \{c_i \mid c_i = \log_2^{s_i} i=1, 2_{LL}M-N\}$。

（5）利用非线性函数对水印进行加密处理：本算法选用了 RSA 密码算法对其进行加密，选择两个大的素数 p、q，$\partial(x) = (p-1) \times (q-1)$，找一个数 e，使得 e 和 $\partial(x)$ 互为素数。$w_1 = w^\theta \bmod \partial(x)$；对嵌入

LL_n 区域的水印再经过运算得到 w_2，$x_2 = w_1 \times C$；对嵌入到 HL_3 区域的水印经过运算得到 w_3，$w_3 = 2_1 \times C_1$。

将运算算法和 $w_2 \setminus w_3$ 公开，构成用户的公钥检测器（如何检测另再行文），并附带在数字产品中，将 $w_{m,n}$ 作为私钥，由版权所有者保密。由于 $w_2 \setminus w_3$ 和图像的内容有关，不同的图像对应不同的公钥。

4.4.3　水印的嵌入

首先，输入将要嵌入水印的图像，将它做 3 级小波分解，得到分解后的 LL_3，在这个区域中利用 SOBEL 算子提取该区域的边缘，得到边缘的特征向量为 S＝$\{ s_i \mid i=1, 2,_{LL} N \}$ 并记录下每个数据在图像中的位置 (x_i, y_i)。在 HL_3 区域中根据一个阈值 T 取出 M－N 个大的小波系数 s_i，i＝1，2，$_{LL}$M－N}。

其次，将水印嵌入到提取的系数中。在 LL_3 中，S＝S＋αw_2，在 HL_3 中，S＝S＋αw_3。

最后，做逆小波变换，得到嵌入水印后的图像。

4.4.4　水印的提取

水印的提取是嵌入水印过程的逆过程，其主要的步骤为：

第一，将原图像和嵌入水印后的图像作三级小波分解；

第二，利用 SOBEL 算子分别在原图像和嵌入水印后图像的 $m \times n$ 区域提取其边缘特征值，计算原图像每个特征值的掩蔽参 c_i；

第三，将水印图像利用 Arnold 置换的预处理，将二维的图像数据转换为一维的数据序列 $w = \{w_i,$ ，i＝1，2⋯M\}；

第四，比较特征值的个数 M 和水印值的个数 N 确定是否在 HL_3 区域中嵌入有数据；

第五，根据掩蔽参数和特征值求得加密后的水印；

第六，利用公钥求得嵌入在图像中的水印序列 W'，经过变换后得到嵌入在图像中水印图像；

第七，在假设概率的基础上利用下面的公式计算相似度：

$$p = \frac{\sum\limits_{i=1}^{n} ww'}{\sqrt{\sum\limits_{i=1}^{n}(w')^2}} \qquad (4-11)$$

其中 n 表示水印序列的长度，预设一合适的门限值 p'，如果计算所得的系数 p 大于 p'，则判定被检测图像含有水印。本书取 $p'=5$。

4.4.5　实验结果

实验选用的水印是一个 32×32 的二值图像，所用的视频是 CIF 格式的 steam 视频段，共 300 帧，图像大小是 176×144，对应的是 YUV 色彩空间，色度信号模式为 4∶2∶0，每秒 25 帧的播放格式。采用 MPEG-2 格式，每 12 帧为一个 GOP 进行运动估计获取帧差。以下示意图为对视频进行几种攻击后提取的水印。

图 4.15 是原始视频及原始水印，图 4.16、图 4.17、图 4.18 为嵌入水印图像后未经攻击的视频帧，它的平均 PSNR 值在 43.2 以上。人眼很难分辨出它与原始视频的差别。

图 4.15　原始图像序列和原始水印

图 4.16　嵌入水印后的视频和提取的水印（1）

图 4.17　嵌入水印后的视频和提取的水印（2）

图 4.18　嵌入水印后的视频和提取的水印（3）

从视觉上比较，水印嵌入的视频重建图像与原视频图像在主观视觉上基本无差异。

4.4.6　结论

本算法根据视频图像的边缘是视频的重要特征，小波分解后的低频区域是原图像的近似子图等特性，将水印嵌入这个区域中的这些重要的系数中，并对水印进行加密处理并与图像进行的绑定。由于本方案中水印只嵌入在视频中的 I 帧上的低频系数中，不修改 P 帧和 B 帧，对帧跳跃与帧删除攻击文件的防御是有效的，因为 I 帧不可以被跳跃或删除；还能够抵抗对于 MPEG－2 视频码流的编辑，如子抽样攻击和视频格式转换攻击，它可以仅从视频中的一小段检测到水印的存在，水印具有良好的鲁棒性。如何设计好的公钥检测器来实现用户快速对水印的检测是下一步的研究方向。

4.5　一种基于运动矢量的视频水印算法

4.5.1　引言

视频是一帧帧运动的图像，在 MPEG 压缩的标准中，为了提高压缩的效率，根据视频帧的特点，在 P 帧和 B 帧中，采用了运动估计和运动补偿技术，其中运动矢量是一个十分重要的特征。

运动矢量是通过视频编码的运动估计算法获得的。它关系到视频画面的时间连续性和平滑性，是视频压缩重点的保护对象。经过编码或重新编码后，运动信息数据的变化很少。由于运动矢量反映的是当前编码帧中被预测宏块与参考帧中最匹配宏块的运动位移的信息，与宏块的具体的内容无关，因此对基于内容的视频水印的攻击（如加噪，平滑等）具有极强的鲁棒性。

KUTTER 等首次提出利用运动矢量进行水印嵌入。在此基础上，很多学者提出了改进算法在不同的程度上增强了水印的鲁棒性。在对运动矢量进行分等级的分析后，划分出大小为 $N \times N$ 的运动矢量等级，再将水印分布在较低等级的矢量中。此方法鲁棒性有所提高，但计算复杂度太大，编码效率太低。在参考文献 [17，32] 提出的基于运动矢量的水印算法，检测算法简单、快速，可满足视频水印实时性的要求。水印的检测使用盲检法，无须视频原图像。但是，在嵌入水印的运动矢量的阈值的选取上没有做到自适应。

现有的基于运动矢量的视频水印算法尽管根据人类视觉系统（HVS）的特点，在满足一定的嵌入负载条件下尽可能地减少了对视频图像质量的影响，但仍有值得完善的地方：对于水平或垂直运动分量中只有其中一个值较大时的情况未予考虑，因此可能会忽略一些较佳的嵌入位置。

在本章中，根据运动矢量的特点，自适应选择 B 帧的运动矢量，并在充分考虑了运动矢量的区域聚簇特性的特点的基础上，利用 FCM 模糊聚类的方法选择合适的运动矢量区域来嵌入水印。

本算法的创新之处：一是利用运动矢量区域聚簇的特点，利用 FCM 自适应地选择需要嵌入的运动矢量；二是实现在同一个运动矢量上嵌入 2bit 的水印信息，实现大容量的水印嵌入；三是在充分分析 I 帧、P 帧和 B 帧的特点基础上，只在 B 帧嵌入水印，使水印的嵌入对视频的质量的影响可以忽略不计，水印的鲁棒性更好。

4.5.2 基于运动矢量水印嵌入的模型

在本书的水印算法中，水印信息是添加到运动矢量的数据流上。该方法的优点是对运动矢量的操作比较容易，对码流的改动较小，不会影响码流的完整性和相似性，算法简单快速；运动矢量资源丰富，水印的嵌入裕度大；并且由于 I 帧图像没有运动矢量，水印的嵌入不会影响 I 帧图像的图像质量。水印嵌入算法流程如图 4.19 所示。

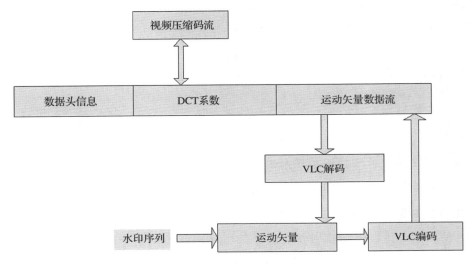

图 4.19　运动矢量水印嵌入流程图

4.5.3　水印图像的预处理

经过用 ARNOLD 置换的预处理，将二维的图像数据转换为一维的数据序列 $w = \{w_i, i = 1, 2 \cdots M\}$。具体的算法与第四章相同。

4.5.4　嵌入帧的选择

本算法改变先前大部分视频水印算法提出的将数字水印图像同时嵌入到 P 帧和 B 帧的策略，其水印信息只嵌入到 B 帧的运动矢量上。这样做的好处是，一方面是水印信息不会影响 I 帧和 P 帧的图像质量，另一方面由于 B 帧在编码过程中，不会作为其他帧的运动估计的参考帧，水印嵌入到 B 帧中不仅有较高的稳健性，而且可以避免误差积累和传递。此外，在编码过程中，B 帧图像预测后的残差图像一般采用较长的量化步长，甚至对其不予编码。这样，使得水印嵌入 B 帧中的运动矢量比嵌入 P 帧的运动矢量有更强的鲁棒性。

4.5.5　运动矢量特征值的选取

长期以来，学者通过对人眼某些视觉现象的观察，并结合视觉生理、心理等方面研究成果，发现了各种视觉掩蔽。研究表明，人眼对于纹理复杂，运动速度较快的图像对象的失真不敏感。因此，在运动速度较快的图像对象上嵌入水印，水印有较强的鲁棒性和不可见性，能最低限度地减少对宿主视频图像的质量的损害。在视频的编码系统中，对 P 帧和 B 帧采用分块技术来预测帧间的差异，来消除帧间的空间冗余。运动估计和运动补偿技术是其中的核心技术。在 MPEG－2 中，B 帧和 P 帧视频都采用预测编码，编码的大小为 16×16 的宏块为基本单位。每个编码宏块都有两个运动矢量，分别为 (v_{x1}, v_{y1})，(v_{x2}, v_{y2})。在 B 帧中，运动速度的快慢就体现在运动矢量的绝对值的大小上面。同时，在同一帧中，运动矢量具有区域性，也就是说同一帧的宏块与宏块之间，在一定的区域内，宏块的运动矢量具有相似性。鉴于以上的特点，结合实验的情况，在本算法中将解码后的运动矢量转化为运动矢量幅值矩阵，因为在 B 帧中，每个运动矢量有又有前后和后向运动矢量，因此有两个幅值。运动矢量的幅值的求取公式为：

$$f(x_1, y_1) = \sqrt{(v_{x1})^2 + (v_{y1})^2} \text{（前向运动矢量幅值）} \quad (4-12)$$

$$f(x_2, y_2) = \sqrt{(v_{x2})^2 + (v_{y2})^2} \text{（后向运动矢量幅值）} \quad (4-13)$$

$$f(x, y) = f(x_1, y_1) + f(x_2, y_2) \text{（运动矢量幅值和）} \quad (4-14)$$

并划分成大小为 $n_1 \times n_2$（n_1 和 n_2 均为奇数）的运动矢量子块，如图 4.20 所示。为了便于特征的提取，在本书中 $n_1 \times n_2$ 选取为 3×3，将每个分块作为特征提取的单位。

f(x-1,y-1)	f(x-1,y)	f(x-1,y+1)
f(x,y-1)	f(x, y)	f(x+1,y+1)
f(x+1,y-1)	f(x+1,y)	f(x+1,y+1)

图 4.20　分块示意图

同时，根据运动矢量的分块，利用 FCM 聚类分析法来计算每个运动矢量块是否符合区域聚类特性和运动强度大的特点，从而正确地选择适合嵌入水印的运动矢量块。本算法根据人类视觉系统模型和相关统计知识，重点考虑如下三个特征。

一是速度的均值，即 d_c 个宏块运动矢量幅值和的平均值。

$$T = \sum_{u, v=-1}^{1} f(x+u, y+v) \tag{4-15}$$

二是熵，即 $n_1 \times n_2$ 个宏块运动矢量幅值和系数所具有的熵值。

$$S = -\sum_{u, v=-1}^{1} f(x+u, y+v) \log f(x+u, y+v) \tag{4-16}$$

三是矢量梯度，即 $(5-15)$ 个宏块在所有方向上变化的敏感度。

$$G = \frac{1}{9} \sum_{u, v=-1}^{1} \| f(x+u, y+v) - f(x, y) \| \tag{4-17}$$

四是矢量方差。

$$B = \frac{1}{9} \sum_{u, v=-1}^{1} \| f(x+u, y+v) - T \| \tag{4-18}$$

上述 4 个特征值构成了以像素点 (x, y) 为中心的特征向量。特征向

量为 $TZ(x, y) = [S_{x,y}, G_{x,y}, B_{x,y}, T_{x,y}]$。结合运动矢量区域特征的聚类性和人类视觉的感觉特性。构造所有图像子块的特征向量（即数据样本），并应用 FCM 算法将运动矢量子块划分为两个聚类：一类（即 v1 类）不适合于嵌入数字水印；另一类（即 v2 类）则适合于嵌入数字水印信息，有较好的透明性和鲁棒性。

4.5.6 FCM 聚类分析算法

4.5.6.1 聚类分析

聚类分析的目的是将数据聚集成类，使类间的相似性尽可能小，而类内部的相似性尽可能大。聚类是通过比较数据的相似性和差异性来发现数据的内在的特征及分布的规律性，从而获得对数据更加深刻的认识。

4.5.6.2 模糊 C一均值算法

模糊 C一均值聚类（Fuzzy C-Means，FCM）算法，是一种模糊目标函数算法，其目标函数 $J(U, V)$ 定义为：

$$J(U, V) = \sum_{k=1}^{n} \sum_{i=1}^{k} (U_{ih})^m (d_{ik})^2 \qquad (4-19)$$

列式中，$U = [u_{ik}](i = 1, 2 \cdots c, \ k = 1, 2 \cdots n)$ 为模糊类矩阵。u_{ik} 为样本数据 x_k 对第 i 类的隶属度。其中，$i \leqslant u_{ik} \leqslant 1$，且 $\sum u_{ik} = 1$，$V = \{v_1, v_2 \cdots v_k\}$ 是 C 个聚类中心的集合，且 $V_t \in R^n$，$m \in [2, \infty]$ 为加权指数，d_{ik} 为第 K 个样本到第 i 类的距离。其定义如下：

$$(d_{ik}) = \| x_k - v_i \|^2 = (x_k - v_i)^T (x_k - v_i) \qquad (4-20)$$

列式中，x_k 是数据样本，且 $x_k \in R^n$，T 表示矩阵；$\| \cdot \|$ 为范数，表示欧几里得距离。

聚类的准则是为求取一个使 $J(U, V)$ 的极少值 $\mathrm{MIN}\{J(U, V)\}$，为了得到数据样本集合的最佳的模糊 C 的划分，FCM 聚类分析算法采用以下迭代的优化的方案来得到 $\mathrm{MIN}\{J(U, V)\}$：

（1）确定聚类的数目 $C(2 \leqslant C \leqslant n)$ 与加权指数类 m，$m \in [2, \infty]$；

（2）设置模糊聚类矩阵 U 的初始值 $U^l = [u_{ik}{}^l]$，令 $l = 0$；

（3）计算各个聚类中心 v_l：

$$v_i = \sum_{k=1}^{n} (u_{ik})^m x_k / \sum_{k=1}^{n} (u_{ik})^m \qquad (4-21)$$

（4）计算新的聚类矩阵 $U_l(l = l + 1)$：

计算 I_k 和 $\overline{I_k}$：

$I_k = \{i \mid 1 \leqslant i \leqslant c; \ d_{ik} = \| x_k - v_i \| = 0\}$，

如果 $I_k =$，则：

$$u_{ik} = 1 / \sum_{j=1}^{c} (d_{ik}/d_{jk}), \qquad (4-22)$$

否则对所有的 $i \in \overline{I_k}$，$u_{ik} = 0$ 并取 $\sum_{i \in I_k} u_{ik} = 1$；

（5）若 $\| U^{l-1} - U^l \|$ 的值小于阈值，则停止；否则转到（3），待上面的 FCM 迭代的算法收敛后，设定分割的门限为 a，如果 $x_i \in$ 第 i 类，则完成聚类的分割。

从 FCM 算法的定义出发，用本书中所提出的方法构造的特征向量 TZ（也就是运动矢量块的每个 3×3 子块的特征值作为样本数据）作为输入，设置其聚类数目 c 为 2、加权指数 m 为 2.5，应用 FCM 分析算法，就可通过迭代并利用公式（4-21）和公式（4-22）确定出最佳聚类矩阵和聚类中心，从而实现最优聚类划分。其中聚类中心值较大的一类所对应的聚类（设为 $v2$）代表运动速度快、运动均值大的区域，因此其适合于嵌入数字水印。每个帧的运动矢量是不相同的，因此相对于采用确定阈值的运动矢量方法来说，具有更大的灵活性和极强自适应性。在整个帧的运动矢量块中总会找到合适的运动矢量块，从而使其很容易地嵌入水印。

4.5.7　水印的嵌入的过程

首先，将二值水印图像置乱；

其次，选取 B 帧的运动矢量，求解出每个运动矢量的幅度值，并将运动矢量的幅度值放入一个矩阵中；

再次，将运动矢量幅值矩阵划分为 3×3 的块；

又次，计算出每个块的特征值：运动矢量的幅值均值、运动矢量的幅值熵、运动矢量的方差，并将每个特征值作为 FCM 算法的输入；

最次，根据 FCM 的算法，求出合适嵌入水印的运动矢量块；

最后，在所选择的 3×3 的运动矢量块中嵌入水印。

在嵌入水印的方案中，水印信息编码的映射关系如表 4－1。

表 4－1　水印信息编码的映射关系

水印信息	所对应的含义
00	$\mathrm{mod}(v_x，2) = 0$ and $\mathrm{mod}(v_y，2) = 0$
01	$\mathrm{mod}(v_x，2) = 0$ and $\mathrm{mod}(v_y，2) = 1$
10	$\mathrm{mod}(v_x，2) = 1$ and $\mathrm{mod}(v_y，2) = 0$
11	$\mathrm{mod}(v_x，2) = 1$ and $\mathrm{mod}(v_y，2) = 1$

根据水印比特和运动矢量的垂直分量和水平分量的映射关系，通过对运动矢量的垂直分量和水平分量的修改（＋1 或－1）来改变其奇偶性，以实现水印的嵌入。水印具体的嵌入过程如下：

if $w == 00$

｛

if $\mathrm{mod}(v_x，2) = 1 \, \mathrm{and} \, \mathrm{mod}(v_y，2) = 0$ ｛ $v_x = v_x - 1，v_y = v_y$ ｝

if $\mathrm{mod}(v_x,\ 2) = 1\,\mathrm{and}\,\mathrm{mod}(v_y,\ 2) = 1$ $\{\ v_x = v_x - 1\,,\ v_y = v_y - 1\}$

if $\mathrm{mod}(v_x,\ 2) = 0\,\mathrm{and}\,\mathrm{mod}(v_y,\ 2) = 1$ $\{\ v_x = v_x\,,\ v_y = v_y - 1\}$

if $\mathrm{mod}(v_x,\ 2) = 0\,\mathrm{and}\,\mathrm{mod}(v_y,\ 2) = 0$ $\{\ v_x = v_x\,,\ v_y = v_y\ \}$

}

else

if $w' = 10$

{

if $\mathrm{mod}(v_x,\ 2) = 0\,\mathrm{and}\,\mathrm{mod}(v_y,\ 2) = 0$ $\{\ v_x = v_x - 1\,,\ v_y = v_y\ \}$

if $\mathrm{mod}(v_x,\ 2) = 0\,\mathrm{and}\,\mathrm{mod}(v_y,\ 2) = 1$ $\{\ v_x = v_x - 1\,,\ v_y = v_y - 1\}$

if $\mathrm{mod}(v_x,\ 2) = 1\,\mathrm{and}\,\mathrm{mod}(v_y,\ 2) = 0$ $\{\ v_x = v_x\,,\ v_y = v_y\ \}$

if $\mathrm{mod}(v_x,\ 2) = 1\,\mathrm{and}\,\mathrm{mod}(v_y,\ 2) = 1$ $\{\ v_x = v_x\,,\ v_y = v_y - 1\}$

}

else

{

if $w' = 01$

{

if $\mathrm{mod}(v_x,\ 2) = 0\,\mathrm{and}\,\mathrm{mod}(v_y,\ 2) = 0$ $\{\ v_x = v_x\,,\ v_y = v_y - 1\}$

if $\mathrm{mod}(v_x,\ 2) = 0\,\mathrm{and}\,\mathrm{mod}(v_y,\ 2) = 1$ $\{\ v_x = v_x\,,\ v_y = v_y\ \}$

if $\mathrm{mod}(v_x,\ 2) = 1\,\mathrm{and}\,\mathrm{mod}(v_y,\ 2) = 0$ $\{\ v_x = v_x - 1\,,\ v_y = v_y - 1\}$

if $\mathrm{mod}(v_x,\ 2) = 1\,\mathrm{and}\,\mathrm{mod}(v_y,\ 2) = 1$ $\{\ v_x = v_x\,,\ v_y = v_y - 1\}$

}

Else if $w' = 11$

$\{$if $\mathrm{mod}(v_x,\ 2) = 0\,\mathrm{and}\,\mathrm{mod}(v_y,\ 2) = 0$ $\{\ v_x = v_x - 1\,,\ v_y = v_y - 1\}$

if $\mathrm{mod}(v_x,\ 2) = 0\,\mathrm{and}\,\mathrm{mod}(v_y,\ 2) = 1$ $\{\ v_x = v_x - 1\,,\ v_y = v_y\ \}$

if $\mathrm{mod}(v_x,\ 2) = 1\,\mathrm{and}\,\mathrm{mod}(v_y,\ 2) = 0$ $\{\ v_x = v_x v_y = v_y - 1\,,\}$

if $\mathrm{mod}(v_x,\ 2) = 1\,\mathrm{and}\,\mathrm{mod}(v_y,\ 2) = 1$ $\{\ v_x = v_x\,,\ v_y = v_y\ \}$

　　}

　　}

4.5.8　运动矢量的差值补偿

　　运动矢量表示当前帧宏块相对于参考帧最佳匹配宏块的运动。按照MEPG2 视频编码标准。P、B 帧运动矢量采用差分编码，同一帧内的帧间编码宏块的运动矢量只需要编码与前一运动矢量之间的差值即可。这样，对某一运动矢量分量进行水印嵌入时的调整后，应该对以该运动矢量为参考的运动矢量对应的分量进行误差补偿，避免造成误差积累。

　　假设 $MVE1$ 为当前编码运动矢量，MVC 为其参考运动矢量，$EMV1$ 为二者的差分值，$EMV1 = MVE1 - MVC$，如果 MVC 因水印嵌入而增加 1，其编码差分值不变，那么 $MVE1$ 就会增加 1。如果 $MVE1$ 也因水印嵌入而增加 1，那么与其有依赖关系的运动矢量就会增加 2。依次类推，这不仅会对后面的运动矢量造成很大偏移，导致视频质量下降，而且还会对水印提取带来严重影响。为此，在嵌入水印时，不能直接改变当前运动矢量的编码差分值，需要将参考运动矢量因水印嵌入带来的变化减去后再嵌入水印，或者直接对解码后的运动矢量差分编码。

4.5.9　水印的提取

　　水印的提取是水印嵌入的逆过程。其算法的路程如图 4.21。

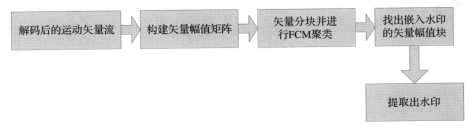

图 4.21　水印的提取算法流程图

首先对运动矢量进行解码，求出每个运动矢量的幅值，将整个 B 帧的运动幅值构建成矢量的幅值矩阵。将幅值矩阵分为 3×3 的小块，求出每个分块的三个特征值：运动矢量的幅值均值、运动矢量的幅值熵、运动矢量的幅值方差。整幅帧的每个运动矢量幅值分块的特征值构建成特征向量 TZ。用 FCM 聚类分析算法进行分析，找到嵌入水印的幅值运动块，提取出所嵌入的水印，从而恢复原所嵌入水印的二值序列。提取的伪代码如下：

if $\mathrm{mod}(v_x,\ 2)=0\ \mathrm{and}\ \mathrm{mod}(v_y,\ 2)=0$

$w'=00$

if $\mathrm{mod}(v_x,\ 2)=0\ \mathrm{and}\ \mathrm{mod}(v_y,\ 2)=1$

$w'=01$

if $\mathrm{mod}(v_x,\ 2)=1\ \mathrm{and}\ \mathrm{mod}(v_y,\ 2)=0$

$w'=10$

if $\mathrm{mod}(v_x,\ 2)=1\ \mathrm{and}\ \mathrm{mod}(v_y,\ 2)=1$

$w'=11$

将提取出的二值水印序列经过重新还原后获得嵌入的水印。

4.5.10　仿真实验

本算法的模拟实验采用 MPEG－2 的标准视频序列。视频序列的参数如表 4－2 所示。

表 4－2　视频序列的参数

序列名称	GOP 帧数	I 和 P 帧间隔	帧率	帧的大小	采样格式
foremen	12	3	25	352×288	4：2：0
akyio	12	3	25	172×144	4：2：0
tensis	12	3	25	352×288	4：2：0

用 C 语言实现 MPEG－2 的编解码系统。水印图像采用 53×51 的二值水印图像。水印图像如图 4.22。

图 4.22　原始的水印图像

4.5.10.1　不可见分析

图 4.23、图 4.24 和图 4.25 是嵌入水印前的视频图像，图 4.26、图 4.27 和图 4.28 是嵌入水印后重建的视频图像。图 4.29 是分别从图 4.24、图 4.26 和图 4.28 提取的水印。

图 4.23　原始视频　　　　图 4.24　嵌入水印后的视频

图 4.25　原始视频帧　　　　图 4.26　嵌入水印后的视频帧

图 4.27　原始视频帧　　　　图 4.28　嵌入水印后的视频帧

图 4.29　分别从嵌入水印视频中提取的水印

　　嵌入水印后重建的图像和原视频图像没有差别。嵌入的水印对视频的质量在主观上没有影响，图像的质量没有下降。

　　客观上，对图像质量的评价，一般采用峰值信噪比和相似性来评价。

　　峰值信噪比（PSNR）的计算公式为：

$$PSNR = 10\lg\left[\dfrac{255^2}{\dfrac{1}{N^2}\displaystyle\sum_{i=0}^{N-1}\sum_{j=0}^{N-1}\left[w(i,\ j) - w'(i,\ j)\right]}\right] \qquad (4-23)$$

　　相似性（NC）的计算公式为：

$$NC = \frac{\sum\limits_{i=0}^{m-1}\sum\limits_{j=0}^{m-1}w(i,j)w'(i,j)}{\sum\limits_{i=0}^{m-1}\sum\limits_{j=0}^{m-1}\left[w(i,j)\right]^2} \qquad (4-24)$$

其中 $w(i,j)$ 代表原始图像中坐标为 (i,j) 的像素点的值，$w'(i,j)$ 代表嵌入水印图像中坐标为 (i,j) 的像素点的值，NC 表示两者的相似程度。NC 值越接近 1，则表示嵌入和提取水印图像的相似程度越高；NC 值越接近 0，则表示嵌入和提取水印图像的相似程度越低。

通过计算，三组视频序列的信噪比及所提取的水印的相似比如表4-3。

表4-3 视频序列的信噪比和相似性

视频序列	原均值信噪比	水印后均值信噪比	相似性
foreman	39.72	39.56	0.983
akyio	40.85	40.71	0.991
america	41.20	40.98	0.975

从表4-3的实验数据可以看出，视频序列在嵌入水印后，图像的信噪比的下降幅度并不大，仍旧在合理的范围内，同时原始水印和嵌入后提取的水印的相似性也在 0.97 以上。这说明，本算法在水印的可见性上有很大的优势。

4.5.10.2 鲁棒性分析

本算法通过一系列的外加的视频干扰和歪曲处理来检测算法的鲁棒性，包括帧删除、帧插入等。算法鲁棒性的评判标准是通过检测到的水印与原始加入的水印相关与否来判定。鲁棒性的另一方面同时表现在对未加入水印的视频做出水印不存在的判断上。在本算法中，对嵌入水印的视频进行了帧删除、帧插入等一系列的攻击实验。

帧的删除实验结果如表4-4所示。

表 4－4　帧删除率和图片正确率之间的关系

帧删除率		6%	8%	12%	14%	16%	18%	20%
水印正确率	ameriea	100%	100%	99.2%	97.8%	95.9%	90.1%	89.9%
	foremen	100%	100%	97.9%	96.3%	95.7%	94.3%	92.7%
	akyio	100%	100%	98.5%	96.7%	92.8%	91.8%	89.7%

帧的插入实验结果如表 4－5 所示。

表 4－5　帧插入和水印正确率的关系

帧插入率		6%	8%	12%	14%	16%	18%	20%
水印正确率	ameriea	100%	100%	98.3%	95.6%	92.1%	90.1%	89.9%
	foremen	100%	100%	99.01%	94.0%	93.2%	89.5%	87.6%
	akyio	100%	100%	98.7%	95.4%	92.8%	87.4%	87.3%

水印的正确率是指正确提取的水印比特和所嵌入水印比特的一个比值。从上面的实验数据可以看出，当帧的删除率和帧的插入率在 18% 以上时，提取水印的正确率码在 90% 以上。

4.5.10.3　性能分析

为了体现该算法的优越性，为此作者将本算法和参考文献［16］提出的基于运动矢量统计的同步视频水印算法在抗攻击方面的性能进行了比较。比较结果如图 4.29 和图 4.30 所示。

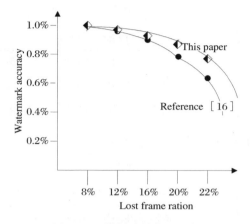

图 4.29　帧删除性能的比较

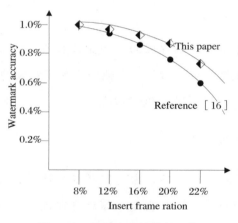

图 4.30　帧插入率性能的比较

从上面的图表可以看出本算法在抗击视频帧的删除和视频帧的插入方面，随着帧的插入率和帧的删除率的提高，本算法提取水印的正确率明显高于参考文献［16］提出的算法。

4.5.11　小结

在本算法中，作者认真地研究了视频压缩的基本原理，分析了运动矢量的特点，得出了运动矢量在一定的区域内具有聚类的特性。在此基础上，作者结合人类视觉特性，通过利用 FCM 算法对运动矢量块聚类分析选择运动强度大的运动矢量块作为水印嵌入块。本算法实现了水印嵌入位置的自适应的选择，避免了以前算法在选择运动矢量时阈值的随意性。实验结果表明，该算法嵌入的水印满足了水印不可见性，具有极强的鲁棒性。

参考文献

［1］ Hartung F H，Girod B. Digital watermarking of raw and compressed video ［J］. Proceedings of SPIE－The International Society for Optical Engineering，1997，2952.

［2］ Hartung F，Girod B. Fast public-key watermarking of compressed video ［C］// image processing，1997. proceedings. international conference. santa barbara，CA，USA：IEEE，1997：528－531.

［3］ Wang H X，Li Y N，Lu Z M，et al. Compressed domain video watermarking in motion vector ［C］// Knowledge-based Intelligent Information & Engineering Systems International Conference. Melbourne，Australia：September. DBLP，2005：580－586.

［4］ Langelaar G C，Lagendijk R L，Biemond J. Real-time labeling of MPEG－2 compressed video ［J］. Journal of Visual Communication & Image Representation，1998，9 （04）：256－270.

［5］ Pereira S，Pun T. Fast robust template matching for affine resistant image watermarks ［J］. Springer，1999.

［6］ Huang D，Yan H. Interword distance changes represented by sine waves for watermarking text images ［J］. IEEE Transactions on Circuits and Systems for Video Technology，2001，11 （12）：1237－1245.

[7] Voyatzis G，Pitas I. Embedding robust watermarks by chaotic mixing [C] // The 13th international conference on digital signal processing. IEEE，1997，1：213—216.

[8] Pereira S，Pun T. Robust template matching for affine resistant image watermarks [J]. IEEE Transactions on Image Processing，2000，230—245.

[9] Jordan F. Proposal of a watermarking technique for hiding/retrieving data in compressed and decompressed video [J]. ISO/IEC Doc. JTC1/SC 29/QWG 11 MPEG 97/M 2281，1997.

[10] Hzu C T，Wu J L. Digital watermarking for video [C] // The 13th International Conference on Digital Signal Processing，DSP. Santorini，Greece：IEEE，1997：217—219.

[11] Hsu C T，Wu J L. Hidden signatures in images [C] // the 12th International Conference on Image Processing. IEEE，1996：223—226.

[12] Csurka G. Robust 3D DFT video watermarking [J]. International Society for Optics and Photonics，1999，3657：113—124.

[13] Bodo Y，Laurent N，Dugelay J L. Watermarking video，hierarchical embedding in motion vectors [C] // International Conference on Image Processing. IEEE，2003，2：739—742.

[14] Koch E，Zhao J. Towards robust and hidden image copyright labeling [J]. Proceedings IEEE Workshop on Nonlinear Signal & Image Processing，1997.

[15] 钟绍辉，王志刚. 基于图像内容的非对称数字水印 [J]. 计算机工程与应用，2008，44（14）：3.

[16] 张立和，杨成，孔祥维. 基于运动矢量统计的同步视频水印算法 [J]. 光电子·激光，2007，18（02）：5.

［17］郑振东，王沛，陈胜．基于运动矢量区域特征的视频水印方案［J］．中国图象图形学报，2008，13（10）：4．

［18］朱仲杰，蒋刚毅，郁梅，等．MPEG－2压缩域的视频数字水印新算法［J］．电子学报，2004，32（01）：21－24．

［19］贺贵明．基于内容的视频编码与传输控制技术［M］．武汉：武汉大学出版社，2005．

［20］孙圣和，陆哲明，牛夏牧．数字水印技术及应用［M］．北京：科学出版社，2004．

［21］刘封．视频图像编码技术及国际标准［M］．北京：北京邮电大学出版社，2005：134－345．

［23］梅文博，张云帆．一种基于运动矢量的Mpeg-2视频数字水印的改进算法［J］．北京理工大学学报，2004，24（08）：4．

［24］Koch E，Zhao J．Towards robust and hidden image copyright labeling［C］//Proceedings IEEE Workshop on Nonlinear Signal & Image Processing．Neosnarmars，Greece：IEEE，1995：452－455．

［25］Busch C，Funk W，Wolthusen S．Digital watermarking：from concepts to real-time video applications［J］．IEEE Computer Graphics and Applications，1999，19（01）：25－35．

［26］张桂东，茅耀斌，王执铨．一种基于运动矢量的视频水印方案［J］．中山大学学报：自然科学版，2004，43（A02）：3．

［27］张敏，于剑．基于划分的模糊聚类算法［J］．软件学报，2004，15（06）：11．

［28］何金国，石青云．一种新的聚类分析算法［J］．中国图象图形学报：A辑，2000，05A（05）：5．

［29］Selim S Z，Ismail M A．K－means－type algorithms：A generalized convergence theorem and characterization of local optimality［J］．

IEEE Transactions on Pattern Analysis and Machine Intelligence，1984，6（01）：81—87.

［30］于剑，程乾生. 模糊划分的一个新定义及其应用［J］. 北京大学学报：自然科学版，2000，36（05）：5.

［31］余兆明，李晓飞，陈来春. MPEG 标准及其应用［M］. 北京：北京邮电大学出版社，2002.

［32］求是科技. Visual C＋＋音视频编解码技术及实践［M］. 北京：人民邮电出版社，2006.

［33］朱仲杰，王玉儿，蒋刚毅，等. 基于自适应策略的稳健视频水印算法［J］. 计算机工程与应用，2006，42（36）：4

［34］Eggers J J, Girod B. Blind watermarking applied to image authentication［C］// IEEE International Conference on Acoustics. IEEE，2001.

［35］Swanson M D, Kobayashi M. Multimedia data-embedding and watermarking technologies［J］. Proceedings of the IEEE，1998，86（06）：1064—1087.

［36］Ogawa H, Nakamura T, Tomioka A, et al. Digital watermarking technique for motion pictures based on quantization［J］. IEICE Transactions on Fundamentals of Electronics Communications & Computer，2000，E83A（01）：77—90.

5 图像压缩及应用

图像压缩技术是目前计算机应用领域的一项热门技术。随着计算机技术、现代通信技术、网络技术和信息处理技术的飞速发展，图像作为一种重要的信息载体已经成为应用最广泛的信息表现形式之一。但是由于未经处理的图像本身数据量非常大，这给图像的传输、存储及加工处理等方面带来了极大的困难。要消除上述三种图像应用中的困难，关键在于对图像进行压缩。图像实现压缩的过程要付出较大的计算量，但相对于图像压缩的意义又是非常值得的。图像实现压缩的意义在于减少数据存储量，节省存储数据时的存储空间和 CPU 处理数据的时间；降低数据率以减少传输时的使用带宽，节省传输时间；压缩图像的信息量，便于特征抽取，为识别做准备。

5.1　图像压缩的意义

与文字信息不同，图像信息需要大的存储容量和宽的传输信道。这给人们的信息交流（传输）、信息的保留（存储）带来很大的困难。图像压缩已经成为现代信息社会研究中的一个热点问题，寻求一个快速的图像压缩算法及解压缩算法，对于许多以图像数据为基础的应用场合具有非常重要的意义。

研究高效的图像数据压缩编码方法，即怎样处理、组织图像数据，在应用领域中的作用将是至关重要的。图像数据压缩编码技术已经成为多媒体及通信领域中的关键技术之一。图像压缩编码技术推动了各类图像信息通信系统的推广应用。它是各类图像信息传输、存储产品的一项核心技术。图像压缩的动机是非常明显的，即用一种压缩的形式来表示并存储图像信息，以提高图像信息的传输、存储及加工处理等方面效率的关键技术。图像压缩编码的目的和意义就在于如何利用有限的传输和储存资源来传输和保存更多的信息。图像压缩的主要意义有以下几个方面。

一是节省存储空间。图像压缩可以大大减少图像文件的大小，从而节省存储空间。这对于在有限存储设备上存储大量图像文件或进行图像传输（如在网络中传输图像）非常有益。

二是提高传输效率。压缩后的图像文件有利于更快地对其传输，因为它们的数据量较小。这对于在带宽受限的网络环境下传输图像、通过电子邮件发送图像或在线分享图像等都是非常重要的。

三是加快图像处理速度。较小的图像文件有利于更快地对其加载和处理，这对于图像编辑软件、图像处理算法和图像显示设备等都是至关重要的。压缩后的图像可以更快地在屏幕上显示，并且占用更少的内存和计算资源。

四是降低成本。图像压缩可以降低存储、传输和处理图像所需的硬件和软件成本。较小的文件大小意味着需要更少的存储器和传输带宽，而快速的图像处理速度可以减少运行成本。

五是改善用户体验。压缩后的图像文件可以在 Web 浏览器中更快地加载，以提供更快的网页加载速度和良好的用户体验。此外，通过压缩，高分辨率图像可适应于不同分辨率和屏幕尺寸的设备，提供更好的可视化效果。

5.2   图像压缩的原理

图像数据能够实现压缩主要有两个方面的原因：一是图像数据中有许多冗余，包括时间冗余、空间冗余等，用某种数学的方法来表示图像，使原始图像数字化从而消除冗余，用这种方式表示的图像还能恢复到图像的原始状态，属于无损压缩范畴；二是利用人眼的生理因素，人眼对图像的细节和某些颜色的辨别能力存在着一个极限，把超过这个极限的部分去掉，也可以达到压缩目的，但这种方式表示的图像数据有丢失，不能恢复到图像的原始状态，属于有损压缩范畴。

数据压缩就是减少给定信息量所需要的数据量的处理过程。对于比特数为 b 的数据，把它压缩为 $b'(b' < b)$，它们有着相同的数据量。那么 b 比特表达的数据冗余为 $R = 1 - 1/C$，其中 C 称为压缩率，定义为 $C = b/b'$。

5.2.1   空域冗余

空域冗余指的是图像中相邻像素之间的冗余信息。在自然图像中，相邻像素通常会有相似的颜色或灰度值，因此可以通过空间上的局部相关性来减少冗余信息。常用的空间压缩编码方法有 Run-Length Encoding（RLE）、Huffman 编码和 LZW 算法等。

编码压缩是通过合适的编码方式来减少所需的编码位数。假设在整数区间 $[0，L]$ 内的离散的随机数 r_k 表示一幅图像尺寸为 $M \times N$ 图像的灰度，每个灰度的发生概率为 $p_r(r_k)$ 的计算公式为：

$$p_k(r_k) = \frac{n_k}{M * N}, \ K = 0, \cdots\cdots, L - 1 \qquad (5-1)$$

154 数字图像处理技术及应用研究

其中 L 为灰度级数，n_k 为 k 级灰度出现的次数。

如果表示每个 r_k 的比特数为 $l(r_k)$，则表示每个像素所需要的平均比特数为：

$$L_{avg} = \sum l(r_k) p_r(r_k) \qquad (5-2)$$

如果一幅图片仅有灰度为 87，128，186，255 的像素存在，对此可以采用如下图 5.1 中的编码。

r_k	$p_r(r_k)$	Code 1	$l_1(r_k)$	Code 2	$l_2(r_k)$
$r_{87} = 87$	0.25	01010111	8	01	2
$r_{128} = 128$	0.47	01010111	8	1	1
$r_{186} = 186$	0.25	01010111	8	000	3
$r_{255} = 255$	0.03	01010111	8	001	3
r_k for k =87,128,186,255	0	—	8	--	0

图 5.1　灰度图像编码及概率

由于图像的像素不多，如采用 8bit 对灰度进行编码，则显得冗余。这时，可以采取如下编码方式，见图 5.2。

r_k	Code 3
r_87	0
r_128	1
r_186	10
r_255	11
else r_k	101

图 5.2　8bit 灰度图像编码及概率

通过上面的编码方式可以大量地减少编码的比特数。

压缩前：

$$L_{\text{avg}} = \sum_{k=0}^{L-1} l_1(r_k) p_r(r_k) = 8\,bits \qquad (5-3)$$

压缩后：

$$L_{avg,2} = \sum_{k=0}^{L-1} l_2(r_k) p_r(r_k) = 0.25 \times 2 + 0.47 \times 1 + 0.25 + 0.03 \times 3$$

$$= 1.81\,bits \qquad (5-4)$$

数据冗余为 $R = 0.774$，压缩率 $C = \dfrac{8}{1.81} = 4.42$ $\qquad (5-5)$

5.2.2　频域冗余

频域冗余是指图像在频域上的冗余信息。根据频域的采样定理，一个图像信号可以通过傅里叶变换（或小波变换）分解为不同频率的成分。高频信号对于人眼感知的视觉信息较少，因此可以对高频信号进行适当的削弱或舍弃，从而实现压缩。经典的频域压缩编码方法包括 JPEG（基于离散余弦变换）和 JPEG 2000（基于小波变换）。

5.3　基于块树结构的 SPIHT 数字图像压缩算法

小波变换是一种新的时频信号分析工具，以其优异的时频局部能力和良好的去相关的能力在图像的编码领域获得了广泛的应用。SPIHT 算法是在嵌入式零树小波（EZW）的基础上提出来的，目前被认为是编码效率最好的算法之一。该算法以零树的集合及其分割排序为基础，结构简单，支持多码率，具有较高的信噪比和较好的图像恢复质量。传统的小波变换是实数到实数的一种变换，需要做卷积运算，运算量大且相当的复杂，图像的编码速度降低。传统的 SPIHT 算法有所需的内存大、耗时、重复扫描的次数过多等缺点。当然，有许多的改进算法，如在参考文献［3］提出的对高频区分别设置阀数值的方法，但编码和解码过于复杂。本书在通过引入整数小波变换和小波变换后图像的小波系数所具有的统计特性，对 SPIHT 算法进行了改进，编码的质量和效率有很大的提高，算法的时间复杂度和空间复杂度有相当程度的提高。易于实现，为 SPIHT 算法的在嵌入式的应用上有了更好的发展。

5.3.1　小波变换

5.3.1.1　提升小波变换

提升小波是一种新的小波构造方法，他继承了第一代小波的多分辨率的特性，放弃了伸缩和平移，回避了卷积运算，仅通过对加法和移位运算就可以实现小波变换。

提升小波变换分为三步：分裂、预测和更新。在离散的情况下，当给定数据集 a_0 通过一个提升的过程将它分解成数据集 a_1 和 b_1 使 a_1 和 b_1 是 a_0 的一种更紧致的表示，通过一级完整的提升过程（三步），得到尺度系数 a_1 和 b_1。具体的过程如下：

第一步，分裂过程。其将 a_0 分裂成两个集合 a_1,b_1。分裂的方法有多种，本书的实验中采用的是隔点采样的方法形成两奇数点和偶数点集合。当然，分裂的方法不同也就是采用不同的小波基，因此本书相当于采用了 Harr 小波基。

第二步，预测过程。其主要是消除第一步分裂后留下的冗余，给出更精致的表示。预测的目的是用 b_1 预测 a_1 预测的误差，形成新的 a_1，即

$$c_1 = c_1 - P(a_1) \qquad\qquad (5-6)$$

这里的 P 是预测算子，表示对变量的更新，相当于一个伪码的赋值语句。

第三步，更新。更新的过程的目的是使某一全局性质得以保障。更新的过程即为：

$$a_1 = a_1 - U(c_1) \tag{5-7}$$

这里 U 也是一个算子。

5.3.1.2　整数小波变换

整数小波变换是基于提升小波的框架提出来的。传统的小波变换是实数域的变换，即使待分析的信号是整数，相应的小波系数也是实数表示。由于数字图像一般是用位数较低的整数表示（最常用的是八位），人们也希望图像矩阵的小波变换是整数矩阵，即"整数—整数的小波变换。将整数序列映射为整数的小波系数，并且这种映射是可逆的，具有这种性质的小波变换被称为整数小波变换。

在提升小波的基础上，整数小波分析滤波器的公式如下：

$$d_{j-1} = s_{j,\,2l+1} - \left[P(s_{j,\,2l}) \right] \tag{5-8}$$

$$s_{j-1} = s_{j,\,2l} + \left[U(d_{j-1}) \right] \tag{5-9}$$

本书的实现算法中采用的是 Harr 小波变换的整数变换。

5.3.2　图像小波变换后的统计特性分析

为了充分了解图像经小波变换后图像的小波系数及各子带所具有的特点，作者用 512×512，256 灰度标准的 Lena 图像进行三层的小波分解，并统计出其均值、方差及各子带所具有的能量比，如下表 5－1 所示。

表 5-1 小波分解的均值及能量表

层次	最大值	最小值	均值	方差	各子带能量比	层能量比
LL3	225.6	−65.7	97.012	2548.9	92.01	
HL3	162.4	−123.52	−0.695	260.1	1.95	
HH3	105.4	−148.53	−0.095	248.5	1.86	96.36
LH3	69.0	−88.40	0.0514	74.03	0.55	
HL2	139.2	−117.40	0.097	15.9	1.14	
HH2	136.8	−113.20	−0.024	138.3	1.04	2.56
LH2	77.3	−92.02	−0.01	51.3	0.38	
HL1	75.7	−92.61	0.03	57.8	0.43	
HH1	67.2	−92.61	−0.061	58.3	0.43	1.07
LH1	58.3	−59.27	−0.011	27.9	0.21	

从以上的表中可以得出如下的结论。

一是经过小波分解后，图像 90.46% 的能量聚集在 LL3 然后依次递减，96.36% 的能量聚集在分解的 LL3、HL3、HH3、LH3。这说明低频的小波系数极为重要，在图像的编码中要重点关注。它关系到图像重构的质量。

二是统计分析表明，小波分解后第一层分解后的 LL1、HL1、LH1 三个子带中约有 91% 的系数的绝对值在 0 的附近。这说明第一层小波系数的值相当小，在图像的编码中它能输出的比特平面也相当小，有大部分的系数在高压缩比下几乎不会被处理。为此，作者为了进一步了解第一层小波系数对图像重构质量的影响，先对 Lena 图像进行三层小波分解，然后将第一层分解后的小波系数设为 0 后重构，发现用肉眼看图像的质量几乎没有太大的变化。细节如图 5.3、图 5.4 所示。

图 5.3　原图　　　　　　图 5.4　没有第一层小波系数的重构图

三是图像的小波系数在各子带内近似聚族分布的形式呈现显著的幅度依赖关系。针对这一特性，可以利用那个尺度内的小波系数的分布结构相关性提高图像编码算法的性能。

5.3.3　SPIHT 算法的原理

SPIHT 算法是利用渐进式传输的原理进行编码。渐进式传输理论将数值的绝对值从大到小排列，然后将最重要的数据输出。SPIHT 采用的是一种分层树的集的划分，是对 EZW 算法的一种更一般表示，它吸取了零树的许多思想，从低到高形成一个树状的结构，称为方向树。它定义了三个集合，0（i，j）[表示位于（i，j）位置的小波系数子女的坐标的集合]，D（i，j）[表示位于（i，j）位置的小波变换的所有子孙的坐标的集合]，L（i，j）[表示（i，j）系数的所有子孙坐标集合，但去掉它的直接子女的集合]。SPIHT 采用了编码和细化的过程，排序是将空间方向树的节点分类，分别将坐标信息放入它所定义的三个链表 LIS（无效像素表）、LIP（无效集表）、LSP（有效像素表）中。根据方向树中系数和阈值的比较结果分别放入三个链表中。细化是对放在重要链表 LSP 中的每个有效位置的值输出其 i 位，然后将阈值减半，进行重新排序和细化。详细的传统的 SPIHT 算法请查看参考文献 [1]。

传统的 SPIHT 算法存在的问题如下。

一是传统算法中采用子带中最大的值作为阈值（在这里可以对阈值进行考虑）。一般来说，LL 聚集了图像的大部分能量，因而在第一次扫描中的阈值也比较大；其他的高频子带中的数值一般比阈值要小，因此在前面几次的判断过程中会输出大量的零。以 512×512 的图像为例，它经过四级小波分解后，第四小波变换域有四个子带，每个子带都有 32×32 个的小波系数。在传统的 SPIHT 算法中，初始化时要将所有最低分辨率的系数坐标 LH4、HH4、HL4 三个子带的 3062 个系数放入 LIP 中，而在第一次扫描的过程中，其值大部分会比阈值小，因此会输出大量的零的同时 LIP 链表变得相当的庞大，有利于硬件的实现。

二是传统的 SPIHT 算法在数据的压缩过程中，没有考虑图像变换后小波系数的特点，即最低频子带对图像的重构的质量有相当大的影响，而第一层的高频系数对图像重构的质量影响不大。如果在图像的压缩中不处理第一层的高频小波系数，这样图像压缩算法的性能将有相当大的提高。结合图像小波分解后各子带的特点，以及传统的 SPIHT 算法所存在的问题，本书对传统的算法做出了以下的改进。（算法的扫描的顺序和参考文献［1］的一样）

三是由于低频系数的重要性，如果经过分解后最低频分解为 1×1，则 LL1、LH2、HH2、HL2 四个系数不进行压缩而直接传送，否则只有 LL1 子带的系数不进行压缩而直接编码传输。

四是根据图像小波变换后第一层高频的各子带的系数有 91% 的系数的绝对值在零的附近的特点，对第一层小波系数不参加编码，也不进行传输，只在解码的时候规定，在图像的重构时以 $\dfrac{T}{2^{n+1}}$ 的值重构（T 为初始化的阈值，n 为 $T = 2^n$ 的值）。这样，随着码率的提高，重要的系数分配更多的比特，重构的精度也会更高。

五是根据子带内的系数具有依赖性和内聚性，提出了以 2×2 个元素作为块,把块作为树的节点,建立出了一种"块树"结构[此时,O(i,j)、D(i,j)、L(i,j)中的(i,j)所表示的是以(i,j)作为起点的2×2的块的起点坐标]。在进行算法扫描时,2×2的块被当作是一个元素放入LIS。如果当前块中的元素值都小于阈值的时候,只需要放入LIS中一个值,即这个块的起点坐标,这样就减少了LIS的长度。如果2×2的块中的最大的值小于下次即将扫描的值,即 $\max[x_{m,s}(i \leqslant m \leqslant i+1, j \leqslant s \leqslant j+1)] < 2^{n-1}$,则将此块做上标记,在下次扫描时不再扫描其中的元素;如果当前块中的元素中有大于当前的阈值的元素则表明此块为有效块,则对其中的元素分别处理,如果大于当前的阈值,则输出其符号位,放入LSP中,否则放入LIP中。

六是对经过算法扫描后产生的码流采用参考文献[2]中所用的游程编码技术,而不采用算术编码。

5.3.4 实验结果

为了验证本书所改进算法的高效性,分别用传统的SPIHT算法和本书所用的算法对Lena图像进行压缩。在不同的比特率下,图像的峰值信噪比如下表5-2:

表5-2 算法信噪比的比较

比特率	SPIHT算法	本书算法
1.0	40.41	37.78
0.5	37.23	35.46
0.25	33.69	32.90

两种算法在不同的压缩比下所占据的存储空间和实现时间比较如下表5-3。

表 5－3　算法存储空间和实现时间的比较

压缩比	存储空间		实现时间	
	传统的 SPIHT 算法	本书算法	传统的 SPIHT 算法	本书的算法
40	635.2	436.7	300.45	120.4
20	374.5	238.0	150.60	78.52
10	85.43	60.86	120.32	16.78
1	20.9	8.9	60.48	10.53

5.3.5　结论

本算法从图像小波变换的统计分析后的特征出发，针对传统 SPIHT 算法所存在的问题加以改正，有效地降低了算法所需的时间和空间复杂度，而算法本身的复杂度并没有增加。解码后的重构图像的质量得到了明显的提高，从而达到了预期的效果，由于改进后的算法对内存的需求更少，更易于在嵌入式的硬件中实现，应用的范围将更加广泛。

5.4　基于感兴趣区域的深度学习图像压缩算法

5.4.1　深度学习理论基础

5.4.1.1　深度学习的思想

在现实生活中，人们为了解决某一个问题，比如文本或图像的分类，首先需要做的事情就是怎么样去表示这个对象，即必须抽取一些特征来表示这一个对象，因而特征对结果的影响非常大。在传统的数据挖掘方法中，特征的提取选择一般都是凭借人的经验或专业知识纯手工选择正确特征，但是这样做不但效率很低，而且对于复杂的问题，人工选择很有可能会陷入困惑，无法选择。于是，人们开始寻找一种能够自动选择特征，并且提取准确率很高的方法。深度学习（deep learning）就能实现这一目标，它能够利用多层次通过组合底层特征形成更抽象的高层特征，从而实现自动的学习特征，而不需要人参与特征的选取。

假设有一个系统 S，它有 n 层（S_1，$S_2\cdots S_n$），它的输入数据是 X，输出数据是 Y，则系统可以非常形象地表示为 $X \Rightarrow S_1 \Rightarrow S_2 \Rightarrow \cdots \Rightarrow S_n \Rightarrow Y$。假设输出数据 Y 等于输入数据 X，即输入数据 X 经过这个系统之后没有任何的信息损失（$E=0$），这就表示输入数据 X 经过每一层 S_i 都没有任何的信息损失，所以每经过系统的一层都可以认为是输入数据 X 的另一种表示方式[16]。深度学习，需要自动地学习提取特征，对于一大堆输入 X（文本或图像），经过一个系统 S（有 n 层），通过调整系统中参数，使它的输出 Y 仍然等于输入 X，那么系统就可以自动地获取并得到输入 X 的一系列层次特征，即 S_1，$S_2\cdots S_n$。

深度学习，其思想就是堆叠多个网络层，这一层的输出作为下一层的输入。这样就可以实现对输入信息的分级表达了。当然，前面提到的模型系统只是理想状态下的假设，并不一定能够达到，则可以放松这个限制。

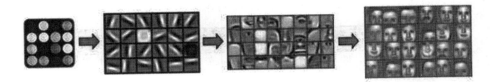

图 5.5　人脸特征提取过程图

深度学习将深层的神经网络分成特征提取层和分类层。特征提取层就是自动提取特征信息，这是浅层学习 SVM 和 Boosting 无法完成的。上图 5.5 展示了特征学习的过程。从图中可以看出，复杂的图形一般是由一些基本结构组成，每一层的图形的形状组合出上一层的图形。这是一个不断抽象和迭代的过程，由低级的特征组合出高级的特征。

5.4.1.2 卷积神经网络

深度学习中最最经典的网络模型就是卷积神经网络（CNN）和循环神经网络（RNN）。

1. 卷积神经网络简介

卷积神经网络最早是由 Yann LeCun 教授和他的同事提出的，是一种专门为实现图像分类和识别而设计的深层神经网络。最经典的卷积神经网络是 LeNet-5。其网络结构如下图 5.6 所示。

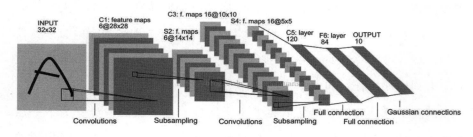

图 5.6　LeNet-5 网络模型图

2. 卷积神经网络主要结构

一是输入层。输入层是整个神经网络的输入部分，在处理图像的卷积神经网络中，它一般代表了一张图片的像素矩阵。其中三维矩阵的长和宽代表了图像的大小，深度代表了图像的色彩通道（channel）。例如，黑白图的深度为 1，而在 RGB 色彩模式下，图像的深度为 3。从输入层开始，卷积神经网络通过不同的神经网络架构将上一层的三维矩阵转化为下一层的三维矩阵，直到最后的全连接层。

二是卷积层。卷积层是一个网络最重要的部分。卷积层试图将神经网络中的每一个小块进行更加深入的分析从而获得抽象程度更高的特征。一般来说，通过卷积层处理过的节点矩阵会变得更深。

三是池化层。池化层神经网络不会改变三维矩阵的深度，但它可以缩小矩阵的大小。通过池化层可以进一步缩小最后全连接层中节点的个数，从而达到减小整个神经网络中参数的目的。

四是全连接层。在经过多轮的卷积和池化之后，在卷积神经网络的最后一般会有 1 到 2 个全连接层来给出最后的分类结果。经过几轮卷积和池化之后，图像中的信息已经被抽象成了信息含量更高的特征。也可以将卷积层和池化层看作是自动图像特征提取的过程，在特征提取之后，仍要用全连接层来完成分类问题。

五是 Softmax 层。Softmax 层主要用于分类问题。通过 Softmax 层可以得到当前样例属于不同种类的概率分布情况。

3. 卷积神经网络输出值的计算

（1）卷积层输出值的计算

卷积层神经网络结构中最重要的部分就是过滤器（filter），又称为内核（kernel）。过滤器可以将当前神经网络上的一个子节点矩阵转化为下一层神经网络上的一个单位节点矩阵。单位节点矩阵就是长和宽都是 1，但深度不限的节点矩阵。

在一个卷积层中，过滤器所处理的节点矩阵的长和宽都是人为设定的，这个节点矩阵的尺寸也被称为过滤器的尺寸。因为过滤器处理的矩阵深度和当前神经网络节点矩阵的深度是相同的，所以尽管过滤器的节点矩阵是三维的，但是只需给出二维矩阵即可。另外一个需要人为设定的是过滤器的深度，也即输出单位节点矩阵的深度。

为了清楚地解释卷积神经网络的卷积计算，笔者以一张简单的 $M_{th}(x, y)$ 图片作为输入，过滤器选取数值 $1-16$，步长为 1，得到一个 3×3 的特征图（feature map），用 $x_{i, j}$ 表示输入图像的第 i 行第 j 列的像素点。用 $w_{m,n}$ 表示过滤器的第 m 行第 n 列的值，w_b 表示权值偏置（bias），用 $a_{i,j}$ 表示特征图的第 i 行第 j 列的值。激活函数 f 选取 ReLU 函数，则卷积操作可以由下面的公式计算：

$$a_{i,j} = f(\sum_{m=0}^{2}\sum_{n=0}^{2} w_{m,n}x_{i+m,\ j+n} + w_b) \tag{5-10}$$

例如，对于下图 5.7 所示，特征图左上角的 $a_{0,0}$ 来说，其计算方法为：

$$a_{0,0} = f(\sum_{m=0}^{2}\sum_{n=0}^{2} w_{m,n}x_{m+0,\ n+0} + w_b)$$
$$= relu(w_{0,0}x_{0,0} + w_{0,1}x_{0,1} + w_{0,2}x_{0,2} + w_{1,0}x_{1,0} + w_{1,1}x_{1,1} +$$
$$w_{1,2}x_{1,2} + w_{2,0}x_{2,0} + w_{2,1}x_{2,1} + w_{2,2}x_{2,2})$$
$$= relu(1 + 0 + 0 + 1 + 0 + 0 + 0 + 1 + 0)$$
$$= relu(4)$$
$$= 4 \tag{5-11}$$

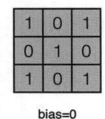
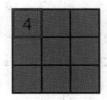

bias=0

image 5*5　　　　filter 3*3　　　　feature map 3*3

图 5.7　简单图片卷积计算示意图

然后可以依次计算出所有的值。上例中步长（stride）为 1，当步长变为 2 时，特征图的尺寸变成了 2×2，这是由公式（5-12）决定的。

$$W_2 = (W_1 - F + 2P)/S + 1 \tag{5-12}$$

上式中，W_2 输出的特征图的宽，W 表示输入的图像的宽，F 表示过滤器的宽，P 是填充零的圈数，S 是步幅。长和宽等价，因此图像的长也可以用上式计算。

以上就是卷积层卷积的计算，体现了卷积神经网络的局部连接和权值共享特性，通过卷积操作，参数的数量大幅降低。

（2）池化层的计算

池化层可以有效缩小矩阵的尺寸，从而减少最后全连接层的数量。使用池化层既可以加快计算速度也可以有效防止过拟合问题。

池化的方式很多，最常用的池化方式是最大池化（Max Pooling）和平均池化（Average Pooling）。与卷积层的过滤器类似，池化层的过滤器也需要设置尺寸，唯一不同的是池化层的过滤器只影响一个深度上的节点，即主要减小矩阵的长和宽，不减少矩阵的深度。虽然池化层可以减少矩阵的深度，但是在实际应用中不会这样使用。下图 5.8 展示了一个最大池化的例子。

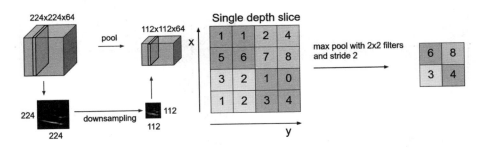

图 5.8　最大池化的计算过程示意图

从上图可以清晰地看出，池化层只减小了矩阵的长和宽，并未减少矩阵的深度。

5.4.2　算法模型

目前比较主流的深度学习图像压缩模型主要包含三个部分，编码网络（encoder）、概率模型（entropy model）、解码网络（decoder）。本算法模型如图 5.9 所示，先提取图像的感兴趣区域，然后经编码网络得到压缩特征 y，将 y 进行量化到得到 y _ hat。右半部分为概率模型，通过概率模型计算出压缩特征的熵概率模型，从而可以对压缩特征进行编解码。这里的熵概率模型一般以高斯分布作为先验，然后用模型去估计高斯分布的均值和方差，压缩特征基于该高斯分布得到的概率表进行编、解码。概率模型估计得越准确，则消耗的码率越小。经过编解码后的 y _ hat 输入到解码网络中得到恢复的解压缩图像。

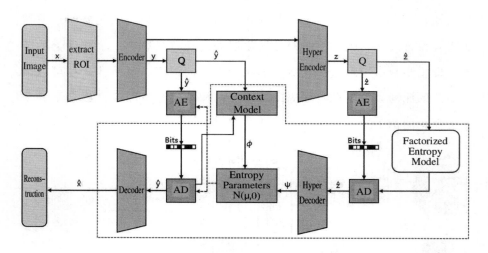

图 5.9　算法模型图（1）

　　模型为了简化压缩的数据量，使用聚类方法提取感兴趣区域，然后联合优化了自回归组件。该组件从其因果上下文（上下文模型）沿着超先验和底层自动编码器预测潜在的实值。潜在表示被量化（Q）以创建潜在（latent）和超潜在（hyper-latent），其使用算术编码器（AE）压缩到比特流中并由算术解码器（AD）解压缩。突出显示的区域对应由接收器执行以从压缩比特流恢复图像的组件。

5.4.3　基于聚类的感兴趣区域提取

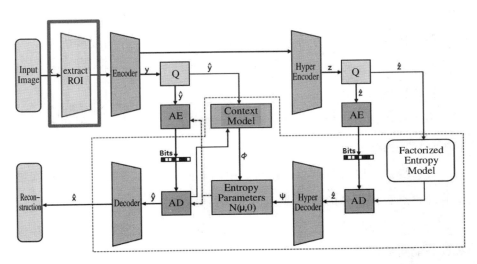

图 5.10　算法模型图（2）

　　图 5.10 中方框就是进行感兴趣区域的提取。图像感兴趣区域（region of interest，ROI）指的是在图像中用户感兴趣的特定区域。在计算机视觉和图像处理领域，ROI 常常用于提取关键信息、目标检测或特定区域的分析。基于聚类方法提取感兴趣区域，可以有效解决感兴趣区域提取精度不高的问题。算法执行流程如图 5.11。

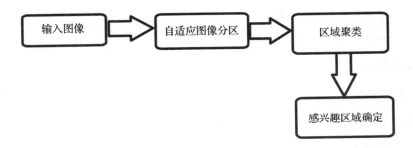

图 5.11　感兴趣区域确定流程

5.4.3.1　自适应图像分区

自适应图像分区可以提高聚类的准确性，减少大量计算，提高运算效率。

假设图像 I 的大小为 $m \times n$，像素点 (x, y)，相应的灰度值为：

$$p(x, y) \quad x = 1 \cdots\cdots n, \ y = 1 \cdots\cdots m \qquad (5-13)$$

自适应分区步骤如下。

第一步，初始化分区。给定图像合适的中心点个数 k，则初始化的规则分区的边界长度为 $s = \sqrt{m \times n / k}$。

第二步，选取新的中心。在给定中心点的 $2s \times 2s$ 领域内找到梯度最小的像素点替代原来的像素点。

第三步，分配像素点。计算像素点与邻近中心点的距离，将所有像素点分配到最近的中心点所属的超像素中。

第四步，距离度量。计算像素点与中心点之间由 L、a、b 代表的颜色值特征及 x、y 表示的空间特征两者组成的特征向量的距离。像素点属于与其距离最小的中心点。

第五步，算法迭代优化。重复步骤（第二步至第四步），直到中心点不再变化，即为分割完成。

1. 自适应分区数据处理

进行区域聚类之前，需要对超像素分割后的结果进行预处理。每一个分区都有自己特有的标签，在区域中每个像素点依照自身所属标签归属到相应的分区中并完成了分类。对每一个分区块计算其所有像素的均值，再将所有的分区均值按照所在原图像的位置进行排列，得到超均值矩阵 $M_{r, t}$。

2. 区域聚类

区域聚类是通过聚类的思想将超像素均值矩阵 $M_{r, t}$ 中像素值距离相近的点进行聚类，最后将聚类的结果组合并显示。通过对图像的感兴趣区域研究发现，感兴趣区域一般在图像的中心部分，且图像边角的四个区域不含有感兴趣区域。因此，可设置聚类个数为 5，再对均值矩阵 $M_{r,t}$ 进行聚类。均值矩阵 $M_{r,t}$ 的大小为 $\frac{m}{s} \times \frac{n}{s}$，像素点 (x, y) 的像素值为 $sp(x, y)$。具体聚类的步骤如下。

第一步，初始化聚类中心。在图像的中心区域及四个边角合适大小的区域各自选定一个聚类中心 $C_k(x_k, y_k)$，$k = 1, 2, 3, 4, 5$。

第二步，分配像素点。遍历矩阵 $M_{r,c}$ 中所有的点 $sp(x, y)$，计算每个点与各聚类中心 $C_k(x_k, y_k)$ 的距离 d_k，构成向量 v。将该点的空间坐标归属到与 v 的最小值 $\min(d_k)$ 的向量 G_k 集合里。

第三步，距离度量。定义聚类中心与矩阵中各点的距离 d_k 为空间距离 d_s 和颜色距离 d_c 的加权和。空间距离和颜色距离分别如式（5—14）和式（5—15）所示：

$$d_s \sqrt{(x_i - X_k)^2 + (y_i - Y_k)^2} \tag{5—14}$$

$$d_c = \sqrt{[p(x_i, y_i) - p(x_k - Y_k)]^2} \tag{5—15}$$

同时，为避免不同特征距离之间单位的不统一，便于不同单位的指标进行计算和比较，需要对两种距离进行标准化。可采用公式如（5—16）的线性变换：

$$d = \frac{d - \min(d)}{\max(d) - \min(d)} \tag{5—16}$$

对于空间距离 d_s，最大值 $\max(d_s) = \sqrt{r^2 + t^2}$，最小值 $\min(d_s) = 0$。

最终像素点与聚类中心的距离如公式（5—17）所示：

$$
\begin{aligned}
d_k &= \sqrt{(d_s)^2 + (d_c)^2} \\
&= \sqrt{\left[\frac{d_s - \max(d_s)}{\max(d_s) - \min(d_s)}\right]^2 + \left[\frac{d_c - \min(d_c)}{\max(d_c) - \min(d_c)}\right]^2}
\end{aligned} \tag{5—17}
$$

第四步，更新聚类中心。遍历所有点归到所属的集合 G_k，在每个集合中，将所有点的横纵坐标的均值取整，作为新的聚类中心的坐标，像素值为该坐标点在原超像素均值矩阵中所对应的像素值。

第五步，算法迭代。计算新聚类中心与原聚类中心的距离，当二者的距离小于预先设定的阈值 T，说明聚类中心没有明显的变化，否则迭代步骤第二步至第四步。

3. 提取感兴趣区域

比较 5 个集合聚类中心的位置，选取聚类中心在图像中心部位的集合。将该集合中各个坐标所对应的超像素块进行组合并将其他的区域灰度值全都设为 0，作为背景。最终，组合得出的结果即为图像的感兴趣区域。

5.4.4　深度压缩算法

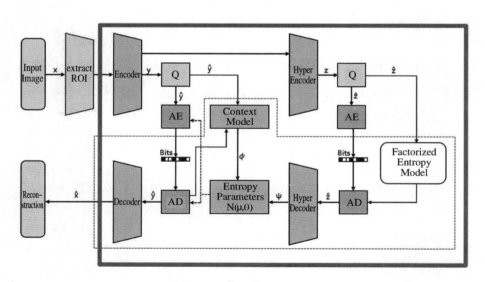

图 5.12　算法模型图（3）

图 5.12 中方框中包含两个部分：一是核心自动编码器，它学习图像

的量化潜在表示（编码器和解码器块）；二是子网络，负责学习用于熵编码的量化潜伏器上的概率模型。它将上下文模型（一种基于潜在的自回归模型）与超网络（超编码器和超解码器块）相结合，后者通过学习来表示用于校正基于上下文的预测的信息。来自这两个源的数据由熵参数网络组合，该网络为条件高斯熵模型生成均值和尺度参数。在图 5.12中，算术编码（AE）块产生来自量化器的符号的压缩表示，将其存储在文件中。因此，在解码时，依赖于量化的潜伏期的任何信息一旦被解码就可以由解码器使用。为了让上下文模型工作，在任何时候它都只能访问已经解码的信息。

5.4.4.1　算法的形式描述

基于超先验架构和信道自回归熵模型，编码器将图像映射到潜在的表示形式（潜在特征），然后对其进行量化并编码为字节流，最后使用解码器凭借特征重建图像。

$$y = E(x; \phi)$$
$$\hat{y} = Q(y) \qquad\qquad (5-18)$$
$$\hat{x} = D(\hat{y}; \theta)$$

E：Encoder 编码器，输入原图 x，具有可学习参数 φ，输出 y 为连续的特征表示（也可理解为特征图）。

Q：Quantization 量化器，将连续的特征 y 量化为离散值 $\hat{y}$，便于后续编码。

D：Decorder 解码器，将输入离散的特征值 $\hat{y}$，具有可学习参数 θ，输出重建后的图像。

5.4.4.2　量化设计

这里参照参考文献 [2] 进行软量化。对于 $z = [z1, z2, z3\cdots]$，为了将 zj 量化为符号 cj，需要在 c＝［c1，c2，c3…］中选择最接近 zj 的 cj，用来表示 zj。因此，量化过程可以认为是：

$$\hat{zi} = Q(zi)：= \arg \min_j \| zi - cj \| \qquad (5-19)$$

在反向传播中，为了使网络可导，量化可以被代替为：

$$zi = \sum_{i=1}^{L} \frac{\exp(-\sigma \| zi - ci)}{\sum_{l-1}^{L} \exp(-\sigma \| zi - cl \|)} cj \qquad (5-20)$$

5.4.4.3　上下文模型设计

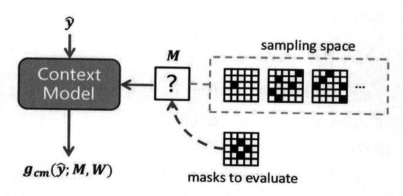

图 5.13　上下文模型设计

上下文模型可以被看作是与以二进制 maskM 为条件的加权 w 的卷积。Mask M 在训练期间随机生成 sampling space 框中的块。在评估期间被固定的 masks to evaluate 块替代。

在训练过程中，用一个以随机生成的遮罩为条件的卷积替换具有人工设计遮罩的串行上下文模型。如图 5.13 所示，笔者生成随机采样的 5×5 masksM，计算 M 与非掩码卷积权值 sw 的 Hadamard 乘积，得到训练阶段每次迭代的掩码卷积权值 M⊙W。在每次向后传播后，权值 W 将由一个随机掩码 M 来更新，它隐式地建立了一个由所有以 5×5 掩码为条件的上下文模型组成的超级网络。因此，使用不同掩码的上下文模型之间共享权值，以便在推理过程中使用训练好的随机掩码模型对任意掩码进行评估。训练之后，为了测试特定掩码模式的性能，只需将该掩码作为 M 输入到上下文模型中，这随机掩码模型就拥有一个带有固定掩码的上下文模型。

5.4.4.4 熵模型设计

算法中的熵模型主要是用于预测图像中潜在特征的概率分布的组件。一旦训练完成，有效的压缩模型必须防止任何信息在编码器和解码器之间传递，除非这些信息在压缩文件中可用。算术编码（AE）块生成来自量化器的符号的压缩表示，它存储在一个文件中。因此，在解码时，任何依赖于量化潜伏的信息一旦被解码，就可以被解码器使用。为了使上下文模型工作，在任何时候它都只能访问已经被解码的潜在对象。

深度学习的图像压缩是一个基于拉格朗日乘子的率失真优化：

$$R + \lambda \cdot D = \underbrace{\mathbb{E}_{\boldsymbol{x} \sim p_{\boldsymbol{x}}} \left[-\log_2 p_{\hat{\boldsymbol{y}}}(\lfloor f(\boldsymbol{x}) \rceil) \right]}_{\text{rate}} + \lambda \cdot \underbrace{\mathbb{E}_{\boldsymbol{x} \sim p_{\boldsymbol{x}}} \left[d(\boldsymbol{x}, g(\lfloor f(\boldsymbol{x}) \rceil)) \right]}_{\text{distortion}},$$

$$(5-21)$$

其中，λ 为决定理想的率失真权衡的拉格朗日乘子，p_x 为自然图像的未知分布，「·」表示取整到最接近的整数（量化），$y = f(x)$ 为编码器，$\hat{y} = y \triangledown$ 为量化的潜伏期，$p_{\hat{y}}$ 为离散熵模型，$\hat{x} = g(\hat{y})$ 为解码器，$\hat{x}$ 表示重构图像。

当图像开始解码时，假设之前解码的潜在值都被设置为 0，训练的主要问题是最小化给定式（5-21）的期望失真率。将每个潜在的 $\hat{y_i}$ 建模为与单位均匀分布的高斯卷积。这保证了在训练过程中量化潜伏和受加性均匀噪声影响的连续值潜伏的编码器和译码器之间的良好匹配。这里使用参考文献 [13] 中提及的在超先验条件下预测每个高斯函数的尺度 $\hat{z}$，通过预测平均值和尺度参数条件下的超先验和因果上下文的每个潜在的扩展模型 $\hat{y_i}$（$\hat{y_i} < i$），预测的高斯参数为超解码器学习参数、上

下文模型和熵参数网络（分别为 θ_{hd} 、θ_{cm} 和 θ_{ep} ）的函数如下：

$$p_{\hat{y}}(\hat{y} \mid \hat{z},\ \theta_{hd},\ \theta_{cm},\ \theta_{ep}) = \prod_i \left(N(\mu_i,\ \sigma_i^2) * u(-\frac{1}{2},\ \frac{1}{2}) \right)(\hat{y}_i)$$

$$\text{with} \mu_i,\ \sigma_i = g_{ep}(\psi,\ \phi_i;\ \theta_{ep}),\ \psi = g_h(\hat{z};\ \theta_{hd});$$

$$\text{and} \phi_i = g_{cm}(\hat{y} < i;\ \theta_{cm}). \tag{5-22}$$

5.4.4.5　网络层设计

Encoder	Decoder	Hyper Encoder	Hyper Decoder	Context Prediction	Entropy Parameters
Conv: 5×5 c192 s2	Deconv: 5×5 c192 s2	Conv: 3×3 c192 s1	Deconv: 5×5 c192 s2	Masked: 5×5 c384 s1	Conv: 1×1 c640 s1
GDN	IGDN	Leaky ReLU	Leaky ReLU		Leaky ReLU
Conv: 5×5 c192 s2	Deconv: 5×5 c192 s2	Conv: 5×5 c192 s2	Deconv: 5×5 c288 s2		Conv: 1×1 c512 s1
GDN	IGDN	Leaky ReLU	Leaky ReLU		Leaky ReLU
Conv: 5×5 c192 s2	Deconv: 5×5 c192 s2	Conv: 5×5 c192 s2	Deconv: 3×3 c384 s1		Conv: 1×1 c384 s1
GDN	IGDN				
Conv: 5×5 c192 s2	Deconv: 5×5 c3 s2				

图 5.14　网络层设计图表

图表中每一行对应的一般化模型的一层。卷积层由 "Conv" 前缀指定，后面是内核大小、信道数和下行采样步幅（例如，编码器的第一层使用了 5×5 内核，有 192 个信道，步幅为 2）。"Deconv" 前缀对应上采样卷积（TensorFlow, tf.conv2d_transpose），而 "mask" 对应参考文献 [19] 中的掩码卷积。GDN 为广义分裂归一化，IGDN 为逆 GDN。

编码器的最后一层对应基本自动编码器的瓶颈。它的输出通道数量决定了必须压缩和存储的元素数量。根据速率失真权衡，模型通过确定地生成相同的潜在值并将其赋值为 1 的概率，来学习忽略某些信道，这虽然浪费了计算时间，但不需要额外的熵。这种建模灵活性允许将瓶颈值设置得比必要的更大，并让模型确定产生最佳性能的通道数量。笔者发现在瓶颈中通道过少会影响到训练模型以实现更高比特率目标时的率失真性能，但过多的通道不会影响压缩性能。

解码器的最后一层必须由三个通道来生成 RGB 图像，而熵参数子网络的最后一层的通道数量必须正好是瓶颈值的两倍。这个约束的出现是因为熵参数网络预测了两个值，即高斯分布的平均值和规模。它们对于每个潜在的 Context Model 和 Hyper Decoder 组件的输出通道数量没有限制，但在所有的实验中都将其设置为瓶颈值大小的两倍。

5.4.5 实验

5.4.5.1 实验设置

笔者在 ImageNet 数据集中选取最大的 8000 幅图像来训练模型。首先要进行降噪采样预处理。笔者使用柯达和 CLIC 专业两个图像集[1]进行评估。

笔者用不同的 λ 代表不同的质量预设来训练模型。在优化均方误差时，对每个模型设置 λ= {4，8，16，32，75，150，300，450} ×10−4。根据经验，在柯达图像集上，使用这些 λ 值训练的模型将达到从 0.04 到 1.0 的平均每像素位（BPP）。笔者设置所有模型的通道数 N=192，M=320。笔者用 Adam 优化器训练每个模型，β1＝0.9，β2＝0.999。笔者将初始学习速率设置为 10−4，批量大小为 16，并为 2000 个 epoch（1M 迭代，用于消融研究）或 4000 个 epoch（2M 迭代，以微调所报告的 ELIC 模型）训练每个模型，然后将学习速率衰减到 10−5，用于另外 100 个 epoch 的训练。

5.4.5.2 实验结果

笔者通过计算公开可用的柯达图像集上的平均速率失真（RD）性能来评估广义模型。图 5−11 展示了使用峰值信噪比（PSNR）作为图像质量度量的 RD 曲线。虽然 PSNR 被认为是一个相对较差的感知指标，但它仍然是用于评估图像压缩算法的标准指标，也是用于调整传统压缩方法的主要指标。图 5－11 左侧的 RD 图对比了笔者的"组合上下文＋超先验"模型和现有的图像编解码器（标准编解码器和学习模型），表明该模型优于包括 BPG 在内的所有现有方法，BPG 是基于 HEVC 的帧内编码算法的最新编解码器。

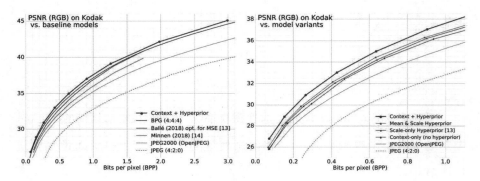

图 5－11　算法 PSNR 结果的比较

通过 PSNR（RGB）测量，笔者的组合方法（上下文＋超先验）与所有基线方法（左图）相比，在柯达图像集上具有更好的率失真性能。据笔者所知，这是第一个在 PSNR 上超越 BPG 的基于学习的方法。右图比较了不同版本的方法的相对性能。结果表明，使用超先验方法要优于纯自回归（仅上下文）方法，两者结合（上下文＋超先验）可以获得最佳的 RD 性能。

参考文献

［1］张旭东，卢国栋，冯键. 图像编码基础和小波压缩技术：原理，算法和标准［M］. 北京：清华大学出版社，2004.

［2］汪国有，邹光宇，王文涛. 基于小波系数结构特征的高倍率图像压缩方法［J］. 华中科技大学学报：自然科学版，2005，33（12）：3.

［3］赵米旸，陈卫东，卢晓燕. 基于 SPIHT 的改进图像压缩算法［J］. 应用光学，2007，28（04）：5.

［4］ Said A，Pearlman W A. A new，fast，and efficient image codec based on set partitioning in hierarchical trees ［J］. IEEE Transactions on Circuits & Systems for Video Technology，1996，6 (03)：243－250.

［5］ Ballé，Johannes，Minnen D，Singh S，et al. Variational image compression with a scale hyperprior ［J］. 2018.

［6］ Rissanen，J，Langdon. Universal modeling and coding ［J］. Information Theory，IEEE Transactions on，1981，27 (01)：12－23.

［7］ Martin G N N. Range encoding：an algorithm for removing redundancy from a digitised message ［J］. 1979.

［8］ Cheng Z，Sun H，Takeuchi M，et al. Learned image compression with discretized gaussian mixture likelihoods and attention modules ［J］. IEEE，2020：1－4.

［9］ Choi Y，El-Khamy M，Lee J. Variable rate deep image compression with a conditional autoencoder ［C］ // International Conference on Computer Vision. ［2024－04－23］.